汪小虎—著

明代颁历制度研究

上海三联书店

2019 年度华南师范大学哲学社会科学优秀学术著作出版基金资助

2015 年度国家社科基金重大招标项目"中国计量史"（15ZDB030）

序　言

　　时间是人们面对纷繁的外在世界时感到最为困惑的事物之一，它吸引了古今中外的无数学界翘楚殚精竭虑去对之加以探索。哲学家力图回答 what is time，揭示时间的本质；科学家则努力确定 what is the time，发展时间计量。他们的研究，产生了丰富的成果，深刻地影响了人类社会的发展。相比来说，在这些研究中，科学家对时间的探索，对人们影响更大，因为他们工作的成果，直接影响到人们的生活，影响到科技的发展。

　　从科学史的角度来看，古人的时间计量取得了丰硕成果。沈括的漏刻计时，达到了每昼夜秒误差在两位数之内的精度；郭守敬编制的《授时历》，回归年长度与现行格里高利历完全一致，古人在时间计量方面达到的高度，确实令人讶异。但是，这些成果，是如何传播社会，惠及民众的，科学史界却很少对之加以探究。现在，汪小虎的《明代颁历制度研究》的问世，在科技史界很少关注的这一领域做了新的探索，这是一件令人高兴的事情。

　　《明代颁历制度研究》是小虎对其博士论文进一步修订完善成稿的。小虎在上海交大科学史读研，因为学习努力，成绩优异，直接由硕士研究生转为攻读博士学位研究生。在此期间，他搜集了大量史料文献，广泛阅读了学界相关成果，最终确定以古人时间计量成果的社会传播为研究方向,经过数年努力,最终完成了博士论文,获得学界认可,答辩中得到答辩委员会的高度评价。

从选题的角度来看,历法是中国古代科学技术史的重要研究对象,相关成果汗牛充栋,历法研究已经成为一个发展得相对成熟的领域。作者在这样一个领域另辟蹊径,选择古人观测日月星象、立竿测影定时、推步朔闰节气、推算编制历法的终极产品——历书作为自己的研究对象,考察其在制造、颁发、使用过程中所涉社会因素,借此获得对古代社会更深刻的认识。这一选题,既可以充分利用前人在时间计量领域已有的研究成果,使自己的研究有坚实的基础凭借,同时还可以补充已有研究的缺环,为认识古代社会运作提供新的视角,富有学术价值。

在研究方法上,要完成这样一个选题,必须遵循历史学研究规范,从文献角度着手,扎扎实实寻找、辨析历史依据,通过对史料的解读,最大程度地复原古人的具体做法。但由于史料的限制,有时这种研究方法也会遇到难以避开的困难,对此,小虎创造性地采用了历书、历史互证的方法,考察历书一些要素在历史上的表现形式及渊源,探究其社会学意义。这种方法把研究对象的特征与历史事件结合起来,有助于我们正确认识古代历书制作、颁布的具体过程。作者在传统的科技史研究基础上,探讨了古代皇朝颁布历书的象征意义,指出历书是古代官方颁布法定时间制度的一种表现形式,朝廷垄断颁历权,既是维护其统治权的一种表现,对保证官方法定时间制度的实施也具有重要意义。

该书的一个重要特点是研究的具体化。作者为了实现自己的选题目标,没有对明代制历颁历问题做宏观论述和一般的理论辨析,而是对涉及颁历制度的具体要素进行研究。由细节着手,更容易窥透历史的繁节,避免宏大叙事的空泛。我们在书中可以清晰地看到这一点。例如,作者在书中专章讨论了明代针对各阶层人士的颁历问题,分析了王历和民历的不同适用对象,从中看出了有明一代亲藩阶层地位的变迁。作者的这一视角是独特的。作者对与送历有关的风俗的描写,也颇有特色。

作者的叙事视角还涉及当时的中外关系。通过颁历这一具体行为探究明政府与其藩属国之间的关系,阐释明廷颁历行为在维系当时的中外关系、象征明朝的宗主国地位方面的独特作用。同时,作者还根据当时地理阻隔及交通状况,说明了明政府向朝鲜颁历的具体形式以及朝鲜政府解决其历书问题的具体措施。这些,都有发前人所未发之处。

该书另一值得肯定之处是作者对费用问题在有明一代颁历演变方面所起作用的考察,这是常被传统科技史著作忽略,但在涉及古代科技问题时又不能不加以关注的问题。作者对费用问题所导致的明代颁历方式的演变以及由此导致的一系列社会问题的探索,在学术界尚属首次,其结论也是富有启发性的。

作者的这些工作,已经逐渐为学界所了解,并得到认可。早在2010年11月,在华东师范大学召开的首届长三角历史学博士论坛上,作者在其博士论文基础上完成的《明代革除建文年号考论》一文,获颁论坛唯一的一等奖;在2015年11月召开的第九届全国青年科学技术史学术研讨会上,作者报告的论文《历书的形制及其对时间秩序传播的影响》,也获颁会议唯一的一等奖。现在,作者经过十余年的努力,对原博士论文做了进一步的提升,形成本书,公之于世,既惠及学界,也创造了一个接受学界针砭的机会。我为之高兴，同时也衷心希望同行们对发现的本书的不足之处不吝赐告，以帮助小虎进一步完善本书。

是为序。

2020年9月16日

关增建

目　录

绪　论

一、缘起

任何组织的有效运转,都需要若干基本秩序来保持步调一致,时间就是其中重要一环。当组织确定时间的规则后,亟待将相关信息及时地向成员传播,古今中外,皆是如此。随着组织规模的扩大和环境的变化,人们需要采用种种措施来保障时间信息的传播成效,由此发展出丰富的制度与文化。拓展到国家层面,在这类庞大的组织中,为了保障政令统一,时间信息的传播就尤为关键。古代中国,乃至东亚地区的颁历授时活动当是此方面极具特色的案例。

中国古代语境中"历(曆)"字的含义涉及两个层面。"历"可以指年、月、日、节气等时间安排,以及前述时间信息的载体,即历谱、历书,又称历日。"历"也可以指历法、历术等推步知识。[1]

本书所讨论的颁"历"问题,是指帝王"敬授民时"之举,颁发历书(载有时间信息)而非颁发历法(推算方法),统称为颁历授时。

---

[1] 需要指出的是,这两个层面的含义主要是就科学史界关注的历法相关事务而言。其实"曆"字在某些情况下还可以指记录账簿,比如敦煌文献中可以见到大量名为"账历""入破历"的官私文书,这些内容不属于本书的讨论范围。

世界各大文明的发展进程中,有选择阳历者,如古埃及的太阳历、基督教沿用的古罗马儒略历,以及当今世界通行的公历——格里高利历;有采用阴历者,如伊斯兰教历(又称回历);还有阴阳合历,如古巴比伦、古希腊、古印度、古代东亚的历法。一个回归年的长度约为365.25日,朔望月长度约为29.53日,两数相除得12.37,不是整数,回归年和朔望月的长短无法构成完全整数倍的关系。阳历、阴历分别根据太阳、月球的周期运动安排时间,阴阳合历则同时考虑太阳、月球的周期运动,需要置闰月,以调整这一年的长度,使得寒暑变化与月份大体相应。

古代中国,乃至东亚地区长期通行的阴阳合历系统,每年12个月,大月30天,小月29天。编历者根据历法安排大、小月,并添加闰月,但置闰在哪月并不固定。另一方面,中国古代长期通行天干地支纪日系统,六十甲子周而复始,循环往复,构成了持续的日期轴线。若要了解月份安排,知道各个月份的朔日干支在哪一天即可。早期文献中所谓的周王室颁朔、告朔,就是颁发、告知关于朔日的时间信息,此可谓颁历授时的最早形式。

据出土的秦汉简牍历谱,最初仅载有月份与干支,因此,颁历授时活动一开始并不能说是为农业生产服务。那些农事相关的知识,如二十四节气、七十二物候,成型时间并不早。

中国古代的历法是一套基于天文学的特殊知识体系,据统计,总数超过一百部。[1]大凡皇朝之初建,常改用新历法。历法需要与实际天象相符,当历法出现误差,如推算节气、朔望不准,或推算

---

[1] 陈遵妫:《中国天文学史》第3册,上海:上海人民出版社,1984年,第1396页。

日月交食、五星行度与实际天象不一致等,亦需修改。[1]著名的官方历法有:西汉《太初历》、东汉《四分历》、唐《大衍历》、元《授时历》、明《大统历》、清《时宪历》等。

如《大衍历》,被认为是后代历法结构的楷模,它共分七篇,江晓原曾对该历法各部分的结构及其功能进行过总结:步中朔术六节,主要推求月相如晦朔弦望等内容;步发敛术五节,主要推求七十二候、六十卦、五行用事等项;步日躔术九节,讨论太阳视运动;步月离术共21节,研究月球运动;步轨漏术14节,研究昼夜长短、日出日入时刻等授时问题;步交会术24节,讨论日、月交食及有关的种种问题;步五星术24节,研究五大行星运动问题。[2]由是可知,中国古代历法的内涵相当丰富,推步闰朔节气、编造历书只是历法的一项基础功能。

中国古代的天文学又被视为帝王"通天"之工具,这门学问长期为官方所垄断,自西晋至明,国家常出台法令禁止民间私习。[3]编历的部门是国家天文机构,早期称灵台,隋称太史监,唐称太史局、浑天监、司天台等,宋为司天监、太史局,元为太史院,明清称钦天监。

使用"历日"这一名称,就意味着其中每一天的干支都对应到某月某日。存世历书,为颁历授时传统提供了实物见证,今人可考者主要有三类:秦汉简牍历谱、敦煌具注历日和明清历本。历书的时间信息内容通常涉及以下几方面:年(年号纪年及干支)、月

---

[1] 钮卫星:《汉唐之际历法改革中各作用因素之分析》,《上海交通大学学报(哲学社会科学版)》2004年第5期。
[2] 江晓原:《天学真原》,沈阳:辽宁教育出版社,1991年,第139—140页。
[3] 江晓原:《天学真原》,沈阳:辽宁教育出版社,1991年,第62—68页。

（月序、月干支、月大小及闰月）、日（日序及干支）、节气等。

　　还有一个词"正朔"，它的最初含义，正是岁始，朔是月初，正指岁首，朔指月首。汉代以前，王朝初建时常有"改正朔"的传统。自汉武帝建立年号制度后，统治者极少改岁首、月首，新朝建立，但改历法，新帝登基，但改年号。"正朔"含义被进一步拓展，涉及年、月、日等多层面的时间信息，有称"历"为正朔，也有称年号、纪年为正朔者。颁历又被称为颁正朔。

　　早期的历谱为竹木质地，形制简单，为生活工作参考而标注的内容不多。随着新文字载体——纸张的广泛应用，书写更为便利，可以进一步附注各种信息。[1]附有齐备历注的历日，被称为"具注历日"。

　　首先，皇朝国家的意志会在历注中得到体现，一些特殊日期，如国家节庆、皇帝生辰、皇家忌日等，被相应列出。其次，中国古代以农立国，农业生产所依赖的节候农时等亦是载入历注，节气日或前后的若干日期，附注昼夜时刻、太阳出入时刻，可供确定时辰之用，这些内容在今人看来具备科学性。再次，人们渴求万事顺利，希望能够在恰当的时间与空间做恰当的事情，为了民间使用方便，历书还附有选择术数的推算结果。譬如，每个日期之下都标注了行事宜忌：祭祀、冠带、上官赴任、入学、会亲友、宴会、交易、开市、出行、嫁娶、沐浴、剃头、疗病、安床、裁制、栽种、牧养、伐木、捕猎、开渠穿井、修造动土、安葬等事项，都可以择取良辰吉日，趋吉避凶，而这些内容所依据的择吉术往往经过官方审定。中国人今天

---

[1] 邓文宽：《从"历日"到"具注历日"的转变——兼论历谱与历书的区别》，《2000年敦煌学国际学术讨论会文集历史文化卷》（上），兰州：甘肃民族出版社，2003年，第195—206页。

通用的日历,很多方面继承了早期传统。

大一统皇朝国家治下,官历面向社会大众发行,定期出版,国家又禁止民间私造,颁历授时遂成为国家权力影响和控制基层社会的重要方式。

中国古代的颁历授时活动还具有体现统治确认、身份认同关系的仪式化特征:君主以颁历体现其治权,臣民接受历书、奉行正朔,意味着效忠并认同其统治。颁历制度是传统礼仪文明的重要方面,其辐射远及周边日本、朝鲜、越南等地区,是中华文化圈内重要的政治文化现象。故对其考察,有助于今人更为全面、更为深入地认识中国传统。

为何本书要选择以明代作为考察的主要历史阶段? 首先,就中国历史发展进程而言,有明一代,各种制度趋于成熟。其次,民族政权入主中原后,某些藩属国家在"奉正朔"问题上,会有尊奉前朝汉族政权正统的情况[1],明朝作为中国历史上最后一个汉族皇朝,其主导下的"朝贡体系"更具有代表性。再次,明代通行《大统历》,终明之世不作变更,可以不用考虑历法更易问题,明代大统历日的形制也长期稳定不变。还有,明代存世史料相当丰富,可以为研究提供极大便利。

二、研究现状

长期以来,科学史内史研究侧重于学科发展历程,关注古代科

---

[1] 如明朝灭亡后,朝鲜表面上奉清朝为宗主国,实则长期遵奉明朝正朔。参见孙卫国:《从正朔看朝鲜王朝尊明反清的文化心态》,《汉学研究》第22卷第1期;孙卫国:《大明旗号与小中华意识——朝鲜王朝尊周思明问题研究(1637—1800)》,北京:商务印书馆,2007年。

学知识的积累进步等,因此对历法术文情有独钟。历法史也成为天文学史研究所属的重要分支,甚至被称为"中国古代天文学的精髓所在"[1],前人在此领域勤勉耕耘,已经取得了丰硕成果。

具体到颁历授时问题,前人的研究可归为以下几个方面。

中国古代,颁历之政长期由官方垄断,编制历日是官方天文机构如太史院、钦天监的重要职责。何丙郁《明代的钦天监》(*The Astronomical Bureau in Ming China*)在介绍明代钦天监职责时,简略叙述过明代颁历仪式概况。[2]他在与赵令扬合编《明实录中之天文资料》的序言中,也对明代颁历制度有过初步介绍,该书辑录有大量关于明朝颁历制度的史料,为研究者提供了极大便利。[3]美国学者Thacher Elliott Deane在1989年完成的博士论文《中国的皇家天文台:明朝钦天监的机构与功能(1365—1627)》(*The Chinese Imperial Astronomical Bureau: Form and Function of the Ming Dynasty Qintianjian from 1365 to 1627*)考察明代钦天监职责较为详备,该文涉及明代颁历制度一些重要方面:如明代颁历仪式、明太祖免除历日工本费政策、宣德十年削减历日印数,以及部分明朝官员私运历日现象等。[4]戴桂芳《明代皇家天文机构天文

---

[1] 张培瑜等:《中国古代历法》,北京:中国科学技术出版社,2008年,第1页。此书为"中国天文学史大系"之一种。

[2] Ho Peng Yoke, "The Astronomical Bureau in Ming China". *Jounral of Asian History*. 3.2(1960), pp.135–157.

[3] 何丙郁、赵令扬:《明实录中之天文资料·序》,香港:香港大学中文系,1986年,第8—9页。

[4] Thacher Elliott Deane, "*The Chinese Imperial Astronomical Bureau: Form and Function of the Ming Dynasty Qintianjian from 1365 to 1627*". Ann Arbor, Mich.: UMI, 1990. pp.321–326.

科技管理之研究》也对明代颁行历书的概况有所介绍。[1]史玉民《清钦天监的科学职能和文化职能》讨论了清钦天监的制历颁发状况。[2]

颁历与皇权政治有着紧密联系，在此方面，江晓原《天学真原》的工作较早，他对中国历史语境中"历"的概念进行了辨析，并对流传已久的"天文学为农业服务"旧说提出质疑，又在"天学"概念框架之下，阐述了古代帝王垄断颁历权的意义。[3]他与钮卫星合著《天学志》一书(再版更名为《中国天学史》)，辟出专门章节讨论历书的编制与颁发问题。[4]

历书的印制、颁行，常由官方垄断。王立兴《关于民间小历》提到过某些情况下民间私印历本现象。[5]除江晓原《天学真原》之外，史玉民《〈万历野获编〉卷二十"历学"条正误》也对明代以严刑峻法禁造私历的政策有过讨论。[6]

科学史外史研究积极关注天文历法的重要社会功能。如黄一农《通书——中国传统天文与社会的交融》《汤若望与清初西历之正统化》《从汤若望所编民历试析清初中欧文化的冲突与妥协》等

[1]戴桂芳：《明代皇家天文机构天文科技管理之研究》，《淡江史学》第19卷（2008年9月）。
[2]史玉民：《清钦天监的科学职能和文化职能》，载江晓原主编：《多元文化中的科学史——第10届国际东亚科学史会议论文集》，上海：上海交通大学出版社，2005年，第125—134页。
[3]江晓原：《天学真原》，沈阳：辽宁教育出版社，1991年初版，2004年再版。
[4]江晓原、钮卫星：《天学志》，上海：上海人民出版社，1998年，第71—79页。
[5]王立兴：《关于民间小历》，《科技史文集》第10辑，上海：上海科学技术出版社，1983年，第45—68页。
[6]史玉民：《〈万历野获编〉卷二十"历学"条正误》，《自然辩证法通讯》2000年第2期。

文章就对历书与通书的功能有过较为详细的阐释,其中也关注过官方颁历问题。[1]关增建《中国古代计量的社会功能》指出颁历对于古代社会时间计量的重要意义。[2]董煜宇对有宋一代天文学管理的断代研究较为全面,其博士论文《北宋天文管理研究》,以及《宋代的天文学文献管理》《从文化整体概念审视宋代的天文学——以宋代的历日专卖为个案》等多篇文章,着重探讨了宋代历法的社会功能是如何具体体现的。[3]

颁历是中国古代重要的礼仪文化现象,张一兵《明堂制度研究》从明堂礼制的角度,较为系统地探讨了古代颁朔、告朔礼的渊源。[4]赵琳琳《午门颁朔礼》对明清颁历仪式有过简略介绍。[5]

中原王朝颁布正朔,对中国周边地区有过深远影响。张升《明代朝鲜的求书》对明廷颁赐朝鲜《大统历》有过初步介绍。[6]王勇《唐历在东亚的传播》探讨了唐历东传日本的过程及其影

[1] 黄一农:《通书——中国传统天文与社会的交融》,《汉学研究》第14卷第2期。该文又收入黄一农:《社会天文学史十讲》,上海:复旦大学出版社,2004年。黄一农:《汤若望与清初西历之正统化》,吴佳丽、叶鸿洒主编:《新编中国科技史》下册,台北:银禾文化事业公司,1990年,第485—486页;黄一农:《从汤若望所编民历试析清初中欧文化的冲突与妥协》,《清华学报》新26卷第2期。

[2] 关增建:《中国古代计量的社会功能》,《中国计量》2003年6期。

[3] 董煜宇:《北宋天文管理研究》,上海:上海交通大学博士论文,2004年。董煜宇、关增建:《宋代的天文学文献管理》,《自然科学史研究》2004年第4期;董煜宇:《从文化整体概念审视宋代的天文学——以宋代的历日专卖为个案》,载孙小淳、曾雄生主编:《宋代国家文化中的科学》,北京:中国科学技术出版社,2007年,第50—63页。

[4] 张一兵:《明堂制度研究》,北京:中华书局,2005年,第299—304页。

[5] 赵琳琳:《午门颁朔礼》,《紫禁城》2005年第3期。

[6] 张升:《明代朝鲜的求书》,《文献》1996年第4期。

响，指出东亚文明圈以"尊奉正朔"形式体现出对中华文明认同的历史现象。[1]董煜宇《历法在宋代对外交往中的作用》、"The Function of Calendar in Ancient China's Diplomatic Activities"，讨论了宋代外交过程中的颁历问题。[2]石云里《西法传朝考》《中朝两国历史上的天文学交往》在讨论中国天文历法东传基础上，涉及明清对颁历朝鲜的状况。[3]韦兵的博士论文《星占历法与宋代文化》，以及《星占、历法与宋夏关系》《竞争与认同：从历日颁赐、历法之争看宋与周边民族政权的关系》等文章，涉及古代东亚世界国家之间的颁历问题。[4]孙卫国对清代中朝关系史有过较为深入的研究，论文《从正朔看朝鲜王朝尊明反清的文化心态》，专著《大明旗号与小中华意识——朝鲜王朝尊周思明问题研究（1637—1800）》，讨论过朝鲜在明亡之后虽受清廷颁历，但仍潜奉明朝正朔的情形。[5]刘萌萌的硕士论文《清代东亚国际秩序变迁

[1] 王勇：《唐历在东亚的传播》，《台大历史学报》第12卷第30期。

[2] 董煜宇：《历法在宋代对外交往中的作用》，《上海交通大学学报（哲学社会科学版）》2002年第3期；Dong Yuyu, "The Function of Calendar in Ancient China's Diplomatic Activities"，载江晓原主编：《多元文化中的科学史——第10届国际东亚科学史会议论文集》，上海交通大学出版社，2005年，第99—104页。

[3] 石云里：《"西法"传朝考》，《广西民族学院学报（自然科学版）》2004年第1期、第2期；石云里：《中朝两国历史上的天文学交往》，《安徽师范大学学报（自然科学版）》2014年第1期、第2期。

[4] 韦兵：《星占历法与宋代文化》，成都：四川大学博士论文，2006年；韦兵：《星占、历法与宋夏关系》，《四川大学学报（哲学社会科学版）》2007年第4期；韦兵：《竞争与认同：从历日颁赐、历法之争看宋与周边民族政权的关系》，《民族研究》2008年第5期，第74—82页。

[5] 孙卫国：《从正朔看朝鲜王朝尊明反清的文化心态》，《汉学研究》第22卷第1期；孙卫国：《大明旗号与小中华意识——朝鲜王朝尊周思明问题研究（1637—1800）》，北京：商务印书馆，2007年，第226—255页。

背景下的琉球历书研究》,也涉及明清时期对琉球的颁历问题。[1]

学界在关注不同政权的闰朔差异这一历史年代学课题时,常常会涉及具体的颁历事宜。如前人对天历的研究,介绍过太平天国的颁历问题。[2]黄典权《南明大统历》,也对南明各政权的颁历状况有过梳理。[3]

历书是颁历制度的实物见证,前人研究历书时,多涉及颁历制度。关于早期颁历授时问题的研究,以陈侃理的工作最为重要,他根据简牍历书,深入地讨论秦汉大一统皇朝初建时中央政府的颁历状况,以及颁历象征意义的建构过程。[4]邓文宽的皇皇巨著《敦煌天文历法文献辑校》,以及论文集《敦煌吐鲁番学耕耘录》《敦煌吐鲁番天文历法研究》《邓文宽敦煌天文历法考索》等,为古代历日研究打下了坚实基础。[5]江晓原《历书起源考》探讨过古代历书的性质与功能。[6]刘永明《唐宋之际历日发展考论》从历日

[1] 刘萌萌:《清代东亚国际秩序变迁背景下的琉球历书研究》,上海:上海交通大学硕士论文,2017年。

[2] 前人研究太平天国天历成果颇多,不一一介绍,可参见吴善中:《太平天国历法研究述评》,《扬州大学学报(人文社会科学版)》2005年第3期。

[3] 黄典权:《南明大统历》,台南:景山书林发行,1962年。

[4] 陈侃理:《秦汉的颁朔与改正朔》,余欣主编:《中古时代的礼仪、宗教与制度》,上海:上海古籍出版社,2012年,第448—469页;陈侃理:《序数纪日的产生与通行》,《文史》2016年第3期;陈侃理:《出土秦汉历书综论》,《简帛研究》2016秋冬卷,桂林:广西师范大学出版社,2017年,第31—57页。

[5] 邓文宽:《敦煌天文历法文献辑校》,南京:江苏古籍出版社,1996年;邓文宽:《敦煌吐鲁番学耕耘录》,台北:新文丰出版公司,1996年;邓文宽:《敦煌吐鲁番天文历法研究》,兰州:甘肃教育出版社,2002年;邓文宽:《邓文宽敦煌天文历法考索》,上海:上海古籍出版社,2010年。

[6] 江晓原:《历书起源考——古代中国历书之性质与功能》,《中国文化》1992年第1期。

的流行及影响出发，讨论过唐宋之际的官私历书状况。[1]史金波《黑水城出土活字版汉文历书考》《西夏的历法和历书》介绍了宋朝对西夏颁历以及西夏自制历日的情况。[2]法国学者华澜（Alain Arrault）《敦煌历日探研》对敦煌地区历日编制者的社会地位进行了研究，指出一些人的官方背景，他还对敦煌历日中的多种选择活动进行了统计分析，指出其大致演进规律。[3]又如陈昊《吐鲁番台藏塔新出唐代历日文书研究》《"历日"还是"具注历日"——敦煌吐鲁番历书名称与形制关系再讨论》，通过考察出土纸质历书内容、形式之演变，指出唐代前期中央政府统一颁历制度对历书形制统一的影响。[4]孟宪实《帝国的节律——从吐鲁番新出土历日谈起》，也探讨了唐廷颁历西域对当地社会生活的影响。[5]赵贞《中古历日社会文化意义探析——以敦煌所出历日为中心》讨论了中古时期官私历书并存的状况[6]。关于明代历日的研究，以周绍良《明〈大统历〉》最为重要，该文介绍了所藏明代大统历日的形

[1] 刘永明：《唐宋之际历日发展考论》，《甘肃社会科学》2003年第1期。

[2] 史金波：《黑水城出土活字版汉文历书考》，《文物》2001年第10期；史金波：《西夏的历法和历书》，《民族语文》2006年第4期。

[3] [法]华澜（Alain Arrault）著，李国强译：《敦煌历日探研》，《出土文献研究》第7辑，上海：上海古籍出版社，2005年，第228—230页。

[4] 陈昊：《吐鲁番台藏塔新出唐代历日文书研究》，载《敦煌吐鲁番研究》第10卷，上海：上海古籍出版社，2007年，第207—220页；陈昊：《"历日"还是"具注历日"——敦煌吐鲁番历书名称与形制关系再讨论》，《历史研究》2007年第2期。

[5] 孟宪实：《帝国的节律——从吐鲁番新出土历日谈起》，《光明日报》2007年3月19日第9版。

[6] 赵贞：《中古历日社会文化意义探析——以敦煌所出历日为中心》，《史林》2016年第3期。

制,并对明代颁历、送历风俗有过简略介绍。[1]吴岩《清代历书研究》[2]、春花《论清代颁发汉文〈时宪书〉始末》《论清代满文〈时宪书〉内容版本及颁发》则关注清代历书。[3]王元崇《清代时宪书与中国现代统一多民族国家的形成》基于时刻表,讨论了清代时宪书对于统一多民族国家建构过程的重要意义。[4]

古人以历书为生产、生活参考资料,社会对其需求极大,自唐代起,历书逐渐使用雕版印刷,这是中国古代出版印刷史关注的重要课题。如周宝荣的论文《唐宋时期政府对历书出版的调控》《唐宋时期对历书出版的调控》《唐宋岁末的历书出版》,及其专著《宋代出版史研究》都涉及唐宋时期官方历书的发行问题。[5]又如曹之《古代历书出版小考》,也对明代历书的发行、颁历仪式等有简略介绍。[6]

人类学研究者强调以"他者"的眼光,解读社会构成的原理,观察"社会整体现象"。中国大陆较早倡导以文化人类学视角审视时间、历法者,当以王铭铭《人类学是什么》一书为代表,他们把时间看成规则、秩序,将颁历释为帝王颁发"时间节律",规范

[1] 周绍良:《明〈大统历〉》,《文博》1985年第6期。
[2] 吴岩:《清代历书研究》,台北:花木兰出版社,2015年。
[3] 春花:《论清代颁发汉文〈时宪书〉始末》,《满学论丛》2016年第6辑;春花:《论清代满文〈时宪书〉内容版本及颁发》,《吉林师范大学学报(人文社会科学版)》2018年第1期。
[4] 王元崇:《清代时宪书与中国现代统一多民族国家的形成》,《中国社会科学》2018年第5期。
[5] 周宝荣:《唐宋时期政府对历书出版的调控》,《编辑学刊》1995年第3期;周宝荣:《唐宋时期对历书出版的调控》,《中州今古》2002年第5期。周宝荣:《唐宋岁末的历书出版》,《学术研究》2003年第6期;周宝荣:《宋代出版史研究》,郑州:中州古籍出版社,2003年。
[6] 曹之:《古代历书出版小考》,《出版史料》2007年第3期。

社会。[1]

　　另外，还有部分明史研究课题也涉及颁历制度某些方面的具体问题。如黄仁宇《十六世纪明代中国之财政与税收》涉及钦天监历日纸张开支问题。[2]王天有《明代国家机构研究》曾涉及明代官颁历日在民间并不普及的现象。[3]田澍《嘉靖革新研究》注意到明代京官私占历日变卖钱财、中饱私囊的情况。[4]陈宝良《明代社会生活史》曾提及明代官员吞没历日私馈的情形，并对明代颁历仪式场景、大统历日内容等有过简略介绍。[5]刘利平专门探讨过明代颁历日期问题，所撰《明代钦天监呈历时间考》一文，针对诸史籍记载明代钦天监进历、颁历日期有所出入的情况，经考辩指出钦天监进历、颁历时间几经变更，整理出了大致线索。[6]

　　综合学术界已有研究成果来看，相关研究已对明代颁历制度，乃至中国古代颁历之传统有过多方面探索，但由于时代的原因，受研究条件和视角的限制，犹有系列研究可待深入。如对"颁历授时"问题的正面、系统研究，对颁历具体环节的关注，以及对历书实物的文本解读等。

　　鉴于这种研究局面，中国古代的颁历授时问题，还有相当多可发掘的空间。由于时代较近、存世史料的极大丰富，以明代为中心的考察，能够更为全面地将历史面貌展现在世人面前。

————————

[1]王铭铭：《人类学是什么》，北京：北京大学出版社，2002年，第100—114页。
[2]黄仁宇：《十六世纪明代中国之财政与税收》，北京："生活・读书・新知"三联书店，2001年，第332页。
[3]王天有：《明代国家机构研究》，北京：北京大学出版社，1992年，第112页。
[4]田澍：《嘉靖革新研究》，北京：中国社会科学出版社，2002年，第14页。
[5]陈宝良：《明代社会生活史》，北京：中国社会科学出版社，2004年，第17页。
[6]刘利平：《明代钦天监呈历时间考》，《史学集刊》2009年第4期。

三、研究方法与思路

（一）史料特色

傅斯年先生提出"史学便是史料学"，足以反映出史料在历史研究中占据着无可比拟的重要地位。

当今信息时代，史学研究"e-考据"极为便利，相当多历史文献可以找到电子版，并实现了可检索功能。本书通过借助《四库全书》《中国基本古籍库》等众多检索软件，可以在发掘明代历史研究的一些基本史料如官修《明史》《明实录》《大明会典》等基础上，参以多种明代政书、明人文集、野乘笔记，还有域外史料如《朝鲜李朝实录》《承政院日记》《韩国文集中的明代史料》《燕行录全集》《韩国文集丛刊》等。近年来，北京图书馆出版社影印出版了《国家图书馆藏明代大统历日汇编》（以下简称《汇编》），该书全套共六册，收录大统历日一百零五册，中国大陆绝大多数明代历日已汇集于此。[1]

台北"国家图书馆"收藏明代大统历日五十余册，该馆藏有存世年代最早的完整明代历日——《大明永乐十五年（1417）岁次丁酉大统历》，笔者已获得影印件并加以利用。国内外图书馆藏明代大统历日，笔者也已获取若干，仍在进一步收集中。

在明代大统历日以外，笔者还参阅相当多的敦煌历日材料、黑水城出土西夏历书，以及一些清代《时宪历》历书、朝鲜历书作为参考。

---

[1] 北京图书馆古籍影印室编：《国家图书馆藏明代大统历日汇编》，北京：北京图书馆出版社，2007年。

（二）研究方法

史学研究要求研究者在尽量全面掌握史料的基础上，还须采用适当的手法处理、运用史料。本书尝试使用"曆、史互证"的方法，其意义包含两个层面，既以历史文献来解读历书，又用历书作为材料来印证历史记载，构成互证，有助于体验颁历授时活动所涉及的微观社会情境。

在研究广度方面，本书尝试构造出一个立体坐标，展现出明代颁历制度历时性与共时性的双重特征。纵向维度，以明代为中心，但不局限于明代，将有的问题上溯至唐宋，兼及清代，这种对演进过程的长时段俯瞰，有助于今人更为清晰地认识历史、反思传统。横向维度，以颁历制度为中心，把握系统中诸要素之间的相互关系，涉及政治文化、礼仪制度、对外交往、社会风俗、经济民生等多方面问题。

（三）研究思路

颁历授时这种国家行为、政治文化活动，其实有着一些必备的前期工作。站在朝廷的立场，首先需要制造出历日来，才能颁发民间。制历过程可以看作颁历活动的先声，天文官员受朝廷委派，根据历法，还有朝廷的正统观念进行推算和编制。

有鉴于此，本书框架的设计，除绪论、结语之外，正文部分共五章，这五章内容的结构安排大体上是遵循了事件发生的先后顺序，按照如下线索展开：第一章从历书实物出发，通过对纪年表的考察，审视朝廷制历环节中"时"的性质，阐明古代国家通过颁历授时建立王朝时间体系的意义；第二章讨论颁历的仪式；再后三章，自上而下，依次聚焦于考察三个层面：颁历给亲藩阶层、颁历给藩属国家、颁历给普天之下的臣民,探讨这些问题所涉及的方方面面。

下面简略介绍本书各章节的具体内容:

第一章,主要考察朝廷颁历,所授之"时"的性质。前人关注历书,多是着眼于月份大小、闰朔干支、节气农时、历注等,本章以存世历书为基础,采用"曆、史互证"的方法,对长期被忽视的纪年表问题进行系统考辨,更为深入、全面地诠释朝廷制历、颁历的意义。

第二章,研究始于明代颁历仪式,展现出颁历制度在国家礼制体系中的具体表征。

第三章,探索明代针对不同人群的颁历问题,反映出颁历制度与封藩制度之间的微妙关系。

第四章,讨论明代对藩属国李氏朝鲜的颁历事务,体现出明朝履行宗主国权力的重要方面。

第五章,关注明代普通官民的历书供应情况以及财政问题等,从中折射出颁历制度与国家赋役体系以及社会文化的多面关系。

结语,是在前面五章基础上的进一步深入探析,尝试总结出明代颁历制度的演进特征。

第一章
皇朝时间与正统性
——以纪年表为中心

　　本书以颁历授时作为讨论对象,首先需要澄清该活动中"时"的性质。时间是不可见的,朝廷颁授之"时"(时间)是一种规则,既然要求臣民遵用,在具体操作上,它需要成为文字,才能够被人们的视觉所感知,是故有其特定载体,也就是官颁历书(历日)。因此该问题需要回到历日本身来进行讨论。

　　历日的主干内容就是时间。通常来说,今人对其中时间要素的关注,多着眼于月份大小、闰朔干支、节气农时安排等。翻阅存世历书,除纪月、纪日、节气等具体内容之外,还可以见到年号纪年。另外,今人的习惯,往往将古代纪年对应为公元纪年,故极易将历日中的年号纪年对应成某些具体历史年份。这种对时间要素的数据化释读,未免过于粗略。

　　什么是纪年表? 它是以年号纪年为基础构成的竖排表格,一般位于传统历日末尾,该问题仅见邓文宽在整理敦煌天文历法文献时有过初步介绍。[1]年号纪年是中国古代通行的纪年方式,也是与皇朝正统性问题关系最为紧密的时间要素。当多

---

[1] 邓文宽编:《敦煌天文历法文献辑校》,南京:江苏古籍出版社,1996年。

年年号纪年在历日中以表格的形式呈现,其政治意义便愈加凸显。

本章尝试运用历日实物与历史文献相互印证的方法,首先阐述纪年表这种形式的发展脉络;其次,以明代大统历日为重心,对纪年表问题展开系统考察,阐述其体现出制度特征的两种类型;最后在此基础上,对中国古代颁历授时传统的性质进行重新诠释。

第一节 纪年表之源流及 其政治意义

中国古代历日中的纪年表,最早出现于敦煌文献S.P.6号《唐乾符四年丁酉岁(877)具注历日》中。传统选择术常以男女九宫推算男女婚配年岁[1],故历日常列出该项,以备检用。在敦煌本唐宋历日中,男女九宫的出现有两种形式:其一,在历日序言中给出当年的男女九宫:如S.2404号《后唐同光二年甲申岁(924)具注历日》序称"今年生男起五宫,女起七宫"[2];S.1473+S.11427.B《宋太平兴国七年壬午岁(982)具注历日》序谓"今年生男起七宫,女起五宫"[3];P.3403号《宋

---

[1] 关于传统历日中"男女九宫"的论述,可参见邓文宽:《敦煌古历丛识》,收入参见氏著《敦煌吐鲁番天文历法研究》,兰州:甘肃教育出版社,2002年,第114—116页。
[2] 邓文宽编:《敦煌天文历法文献辑校》,南京:江苏古籍出版社,1996年,第376页。另外,邓文宽的研究认为此年男女九宫抄错了,参见同书第384页。
[3] 邓文宽编:《敦煌天文历法文献辑校》,南京:江苏古籍出版社,1996年,第562页。

雍熙三年丙戌岁（986）具注历日》序曰"今年生男起三宫，女起九宫"。[1]然而，仅给出当年的男女九宫远不能满足社会需求。现实的情况是，人们使用男女九宫需要回溯，求出生年之宫数，于是便有其二：在另一些敦煌历日中，常回推往年男女九宫，并将之与相应的皇朝纪年列成表格，这便形成了纪年表。

纪年表最早可见于 S.P.6 号《唐乾符四年丁酉岁（877）具注历日》。该历为印本，来自中原，其纪年表部分如图 1-1。

该历纪年表部分虽曰"六十甲子宫宿法"，但实际列出年份较多，从唐乾符四年（877）回推至兴元元年（784），竟回推达九十四年。[2]

年代晚些的 S.612 号《宋太平兴国三年戊寅岁（978）应天具注历日》中也能见到纪年表，如图 1-2。

这是一件没有抄完的历书，纪年表中除纪年、男女九宫外，还附有每年闰月、五行，所生之人岁数、相属等信息，该项内容被称为"六十相属宫宿法"，列出年份共一甲子。该纪年表末尾部分有特定意义，放大如图 1-3。

该历纪年表自宋太平兴国三年始，回推一周甲子，若据通行的历史纪年，当对应为后梁末帝贞明五年（919），然而该历竟回推为天祐十六年（919）！邓文宽对此纪年问题有过精辟解说：

---

[1] 邓文宽编：《敦煌天文历法文献辑校》，南京：江苏古籍出版社，1996年，第590页。

[2] 据邓文宽先生提示，该历回推到兴元元年（784），可能是该年是第二个上元元年的缘故。

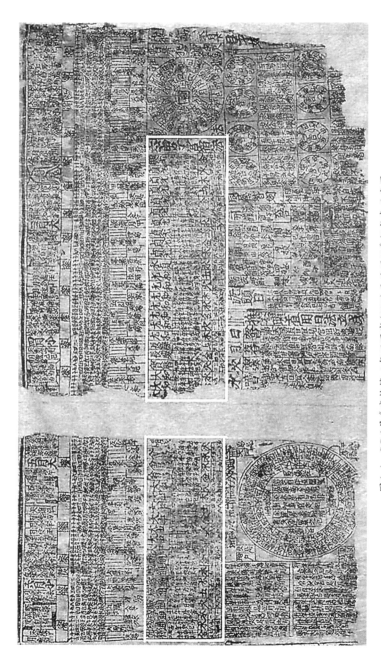

图1-1　S.P.6号《唐乾符四年丁酉岁（877）具注历日》纪年表示意图

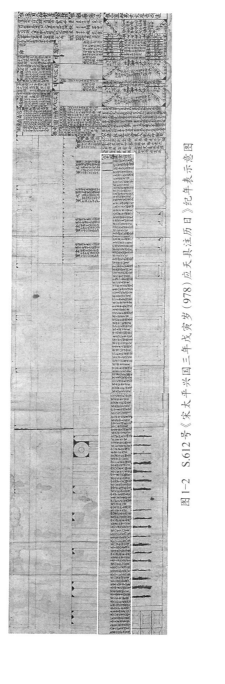

图 1-2　S.612 号《宋太平兴国三年戊寅岁(978)应天具注历日》纪年表示意图

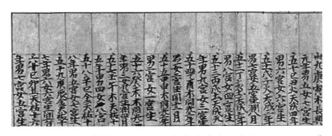

图1-3　S.612号《宋太平兴国三年戊寅岁（978）应天具注历日》
纪年表末尾部分

  "天祐"乃唐朝最后一个年号，至多四年，即被朱温篡夺，
本历将天祐记至十九年，后接后唐同光元年，完全隔越了朱梁
政权的年号，表明制历者认为朱梁政权属于僭越，因此不予
承认。[1]

因纪年表载有多年皇朝年号纪年，其政治意义就愈加凸显。制历
者常有官方背景，若其否认前代统治之合法性，会在纪年表中追改
其纪年。当唐室覆亡，朱梁建立政权后，一些藩镇不承认其统治，
斥为伪朝。如晋王李克用、岐王李茂贞等，皆仍沿用唐哀宗天祐年
号[2]，直到后唐庄宗李存勖在天祐二十年（923）四月建制称尊，才
下令当年改元同光[3]。后唐灭梁后，当将此纪年方式进一步推广。
敦煌文献P.3555.B号，题为"贞明八年（922）岁次壬午具注历日一
卷并序"，又，P.2808号文字落款称"时惟大梁贞明九年癸未岁"，

[1] 邓文宽编：《敦煌天文历法文献辑校》，南京：江苏古籍出版社，1996年，第
　　528页。
[2] 顾炎武：《日知录》卷20《李茂贞用天祐年号》，今据陈垣校注：《日知录校
　　注》中册，合肥：安徽大学出版社，2007年，第1128页。
[3] 《旧五代史》卷29《庄宗本纪三》，北京：中华书局，1976年，第403页。

表明归义军曾用过朱梁年号,其追改为天祐之例,当自梁亡后由中原王朝传入。

宋代还曾一度将历日纪年表由一周甲子增为二周甲子。事情发生在北宋至道二年(996)十一月:

> 司天冬官正杨文(鑑)[镒]请于新历六十甲子外更增二十年。事下有司,判司天监苗守信等议,以为无所稽据,不可行用。帝(宋太宗)曰:"支干相承,虽止六十,倘两周甲子,共成上寿之数,使期颐之人得见所生之岁,不亦善乎!"因诏新历以百二十甲子为限。[1]

杨文镒请求将纪年表在六十年之外再增加二十年,该议未获司天监认可,却得到宋太宗的支持,因此纪年表篇幅增为一百二十年。这一事例,亦可反映出历日纪年表在北宋初年就已有着悠久传统。宋人张舜民《画墁录》对此评述曰:"历日后宫宿相属相联,本是一甲子。以真庙后年五十九,嫌于数穷,遂演之为一百二十岁,然竟以是年登遐。"[2]太宗赵匡义生于后晋天福四年(939),崩于至道三年(997),时年五十九,而真宗赵恒生于宋乾德六年(968),崩于乾兴元年(1022),享寿五十五,张舜民是将宋太宗末年的事迹误植到了真宗头上。至道二年,太宗将至花甲之岁,此时,纪年

[1]徐松辑:《宋会要辑稿》运历一《历法》,北京:上海古籍出版社,2014年,第2685页。这件事,多种历史文献有过记载,皆称司天监冬官正为"杨文镒",故改之。
[2]张舜民:《画墁录》,《宋元笔记小说大观》第2册,上海:上海古籍出版社,2007年,第1549页。

表中"天福四年"已近表尾。杨文镒及时悟得主子心境,乘机进言,按理说纪年表一下子扩增二十年,篇幅已经很长,但太宗在垂暮之年,通过增加纪年表到二甲子,又暗含着对自己延年益寿的期待。[1]

宋历纪年表列出一百二十年,导致历日篇幅冗长繁杂,南宋宁宗嘉泰元年(1201),朝廷为规范历日形制,竟将纪年表尽数删去:

> 臣僚言:"颁正朔,所以前民用也……其末则出九曜吉凶之法、勘昏行嫁之法,至于周公出行、一百二十岁宫宿图,凡间阎鄙俚之说,无所不有。是岂正风俗、示四夷之道哉! 愿削不经之论。"从之。[2]

清人曾认为宋历无纪年表内容[3],所论乃据传世抄本《大宋宝祐四年(1256)会天万年具注历》,该历成于嘉泰元年之后,故此说法不免以偏概全。

民族政权如辽、金、西夏,以及高丽等国,与宋朝并立,受中原文化影响,皆自行造历颁发臣民。据司马光《资治通鉴·考异》记述:

> 《纪年通谱》云:《旧史》不记[阿]保机建元事,今契丹中有历日,通纪百二十年月。臣景祐三年(1036)冬北使幽

---

[1] 清乾隆朝也有类似情况,详见后文。
[2]《宋史》卷82《律历十五》,北京:中华书局,1978年,第1947页。
[3] 钱大钧:《明万历天启崇祯大统历》,载瞿中溶:《古泉山馆题跋》,《丛书集成续编》第5册,台北:新文丰出版公司,1991年,第680页。

蓟,得其历,因阅年次,以乙亥为首,次年始著神(策)[册]之元,其后复有天赞。[1]

据刘浦江考证,《纪年通谱》作者宋庠(又名宋郊)确于景祐三年(1036)使辽。[2]盖其时辽国仿中原王朝制度颁历,其纪年表列一百二十年[3],此例当源自宋朝,形成于宋太宗增加纪年表篇幅之后。宋庠见到的辽历,实际上是以乙亥年(915)为纪年表之末行,此年正可与神册元年(916)干支丙子相接,从该乙亥年后推二周甲子,首行当为甲戌年(1034),所以这件历日的年份当属辽兴宗重熙三年(1034)。

金朝兴起于白山黑水之间,其入主中原后,礼仪制度多仿前朝,天会十三年(1135),始初颁历日。[4]南宋乾道六年(1170),范成大出使金朝,归国后上呈宋廷《揽辔录》汇报见闻,其介绍金国

[1]《资治通鉴》卷269《后梁纪四·后梁均王贞明二年》,北京:中华书局,1956年,第8809页。
[2]刘浦江:《契丹开国年代问题——立足于史源学的考察》,《中华文史论丛》2009年第4期。
[3]清人昭梿据司马光所记论曰:"近代民书惟列六十甲子,高宗纯皇帝命增一百二十年,以符寿考之瑞。近阅《资治通鉴考异》,司马温公曰'契丹纪年不可考,予于景祐四年使辽,见其民书太祖某于丙子纪元神册,盖自是岁始有年号'云云,是辽时民书已列百二甲子矣。"(昭梿:《啸亭续录》卷5《辽代民书之制》,北京:中华书局,1980年,第535—536页)今案,昭梿云"民书",即清代《时宪书》。早期史料,未见以"时宪书"、"民书"指代历书者。清人避乾隆帝弘历之讳,将长期通用的"历日""历书"之名以"时宪书"替代,又简称民用《时宪书》之为民书。辽代历书一百二十年纪年表之制,盖源自宋朝,形成于宋太宗增加纪年表篇幅之后。
[4]《金史》卷4《熙宗纪》,北京:中华书局,1975年,第70页。近年来考古发现了墓室壁上所题写的金朝历日之间朔安排,参见邓文宽:《〈金天会十三年乙卯岁(1135年)历日〉疏证》,《文物》2004年第10期。

民间通行历日曰：

> 其历曰《大明历》：（一）亦遵宜忌日无二。亦有通行小
> 本，历头与中国异者，每日止注吉凶，谓如庚寅岁正月二日出
> 行、乘舟、动土凶，拜官吉之类。而最可笑者，虏本无年号，
> 自阿骨打始有天辅之称，今四十八年矣，小本历通具百二十
> 岁相属、某年生，而四十八年以前，虏无年号，乃撰造以足
> 之：重熙四年，清宁、咸雍、大康、大安各十年，（盛）［寿］昌六
> 年，乾（通）［统］十年，（大）［天］庆四年；收国二年，以接于
> 天辅。[1]

范氏记述小本历形制颇为详尽，所载辽、金年号纪年皆合。南
宋人岳珂据《揽辔录》论曰："按此年号皆辽故名，女真世奉辽正
朔，又灭辽而代之，以其纪年为历，固其所也。"[2]盖金朝建国不久，
虽行颁历之政，袭用前代二周甲子纪年表之制，但其历日纪年表
中犹沿用敌国辽朝年号，故为范成大所窃笑，谓其反示辽为前宗
主国。

由于西夏历日仅见黑水城数出土残片，纪年表情况仍有待进
一步考察。高丽国历日中也出现过类似的纪年表，其纪年长期据
实而书。据南宋人李心传记述：

---

［1］徐梦莘：《三朝北盟会编》卷245，上海：上海古籍出版社，1987年，第1761
页。《三朝北盟会编》引范成大《揽辔录》内容，而所见今本《揽辔录》已无关
于"小本历"纪年表的详细记载。
［2］岳珂：《愧郯录》卷9《金年号》，《四部丛刊续编·子部》，上海：上海书店，
1934年，13b—14a页。

高丽历日自契丹天庆八年以后皆阙不纪，壬戌岁改皇
统，辛未改天德，癸酉改贞元，丙子改正丰，至癸未岁又阙，
直至壬辰岁方纪，大定十二年不可考云。案壬戌绍兴十二年
也。熊子复《中兴小历》改皇统在十四年，按辛酉岁乌珠与
本朝书已称皇统元年，而王大观《行程录》亦云皇统八年岁
次戊辰，戊辰绍兴十八年，逆数之，当以十一年改元为正，此
所记误。又正隆乃海陵年号，见于《隆兴时政记》，亦不当作
正丰。辛巳岁葛王即位于会宁，改元大定，至壬辰为十二年，
不误，但不知癸未岁何以缺，岂非金方纷乱，不暇颁历于属国
故耶！[1]

辽、宋、金三朝纪年、干支皆可考，核校史事，颇多相合，上述
记载是可信的。12世纪初，高丽先为辽属国，辽天庆四年（1114），
完颜阿骨打起兵反辽，天庆六年（1116），辽国东京地区尽没于金，
即与属国高丽不复接壤，高丽国先用辽国年号，自天庆八年（1118）
后，去其年号，交通金国，并一度同宋朝往来，此间仅以岁次干支
纪年。[2]又据《金史》记载，金朝天会十四年（1136）正月，才首次
颁历高丽，但直到皇统二年（1142），高丽始用其年号。皇统九年
（1149），金海陵王完颜亮弑熙宗后继立，改元为天德，高丽仍沿用
皇统年号一年；金天德三年（1151），高丽才改用天德年号；天德五
年（1153），高丽与金国同步改用贞元；至贞元四年（1156），金国改

[1] 李心传：《旧闻证误》卷4，中华书局，1981年，第60—61页。
[2] 韦兵：《竞争与认同，从历日颁赐、历法之争看宋与周边民族政权的关系》，《民族研究》2008年第5期。

元为正隆,高丽为避世祖王隆建之讳,故以丰字替代隆字行用[1],此宋人所不知者;金正隆六年(1161),海陵王被杀,金世宗立,改元大定,高丽国仍沿用正丰年号至正丰七年(1162),后又不用金国年号;直到十一年后,大定十二年(1172),才复用金国年号,此十二年与金国纪年不同步。王氏高丽先后为辽、金属国,据高丽历日纪年表内容,可知其与宗主国的关系程度,并略见各政权势力消长之影响。

元代历日存世仅数残片,其纪年表仍可见诸文献记载,如元人傅若金描述所见《至元十四年(1277)丁丑岁大明具注历》纪年表曰:"自金正隆戊寅,迄大元至元丁丑,百二十年岁、属,而建国革命之始,改元置闰之次,粲然具见。"[2]据此可知,元初《大明历》承袭金朝制度,列纪年二周甲子,用金朝年号,因此上溯到正隆三年(1158,戊寅)。如前文引用宋人描述金初《大明历》载有辽朝年号之例,可见金、蒙政权初创阶段对于年号纪年问题的淡漠。至于宋庠所见辽兴宗重熙三年(1034)历书,其纪年表上溯百二十年,跨越了最早的年号神册纪年,再往前,出列干支乙亥,而未用别家年号纪年,这又反映出彼时代辽朝正统观念之强固。

又如元人黄溍记载过一段君臣对话,亦可作为元代《授时历》存在纪年表之佐证:

（延祐六年）冬至日,上坐文德殿,太史进《授时历》。王

[1]　[朝鲜]郑麟趾:《高丽史·世家》卷18《毅宗二》,《四库全书存目丛书·史部》第160册,济南:齐鲁书社,1995年,第374页。
[2]　傅若金:《傅与砺文集》卷7《跋邓敬渊所藏〈大明历〉后》,《北京图书馆古籍珍本丛刊》第92册,北京:书目文献出版社,1998年,第721页。

（柏铁木儿）执历，指至元纪年曰："世祖混一区宇，开太平无疆之基，在位三十余年，政治之盛，真后世福。"次指大德纪年曰："成宗初政清明，中遘末疾，遂不复振。"次指至大纪年曰："武宗锐意中兴，惜乎天不加年。"次指皇庆纪元至是年，曰："今八年矣……"[1]

元朝至元纪年三十一年，其后有元贞二年、大德十一年、至大四年、皇庆二年，据皇庆纪年后推八年，正是延祐六年（1319），此元仁宗在位时。至元之后的几个年号加起来，不过二十五年，即使加上至元纪年三十一年，也不过五十余年，小于一周甲子之数。那么《授时历》纪年表篇幅是六十年还是一百二十年？

张培瑜总结认为，明清历日之内容及形制与唐宋时差别较大，这种转型创于元代《授时历》。[2]何启龙的最新研究印证了张氏的推断，他考索元代汉字《授时历》原貌，指出元代蒙文历日残片有类似S.612号《宋太平兴国三年戊寅岁（978）应天具注历日》"六十相属宫宿法"（即纪年表）内容，且格式与明代大统历日相同。[3]这个结论是可以让人信服的。

明代《大统历》之末有纪年表，列六十年岁属，该项被称为"纪年"，形制接近宋历之"六十相属宫宿法"。元代蒙文历日当本于同年汉字历日，故《授时历》纪年表篇幅亦为六十年。清前

［1］黄溍：《金华黄先生文集》卷43《太傅文安忠宪王家传》，《丛书集成续编》第136册，台北：新文丰出版公司，1991年，第365页。
［2］张培瑜：《黑城新出土天文历法文书残页的几点附记》《文物》1988年第4期。
［3］何启龙：《〈授时历〉具注历日原貌考——以吐鲁番、黑城出土元代蒙古文〈授时历〉译本残页为中心》，《敦煌吐鲁番研究》第13卷，上海古籍出版社，2013年，第263—289页。

期,《时宪历》纪年表列六十年,乾隆帝二十四岁登基,及至乾隆三十五年(1770),已年届六十。为了在《时宪历》纪年表中继续见到皇帝生辰,清廷将岁属由六十年增为一百二十年,而纪年仍为六十。[1]

早期的零散材料虽可证明不同年代纪年表之存在,但这些信息终不能成系统。较易获得的丰富的明代大统历日实物与历史文献的相互参证,使得今人可以进一步讨论纪年表的制度特征。

第二节　追改纪年问题

年号纪年与政治演变息息相关,纪年表所列往年纪年,明确反映出当下朝廷对前任统治者的政治态度。当涉及正统地位时,当下统治者为昭示自身合法性,有时会在纪年表中追改前任统治者之年号纪年。这种现象,在明代大统历日纪年表中涉及两个案例,即明朝开国纪年问题,洪武—建文纪年"革除"问题。

一、开国纪年问题

明代历史纪年,始于洪武,纪年表列一周甲子年份,故需自洪

---

[1] 乾隆帝二十四岁登基,及至乾隆三十五年正月,已年届六十。为了在历日纪年表中继续见到皇帝生辰,清廷将岁属由六十年增为一百二十年。其谕曰:"国家熙洽化成,薄海共跻寿宇,升平人瑞,实应昌期。是以每岁直省题报老民老妇,年至百岁及百岁以上者,不可胜纪。因思向来所颁《时宪书》后页纪年,只载花甲一周为断。殊不知周甲寿所常有而三元之序,数本循环,成例拘墟,未为允协。着交钦天监,自乾隆三十六年辛卯(1771)为始,于一岁下,添书六十一岁。仍依干支,以次载至一百二十岁,则开袟犁然,期颐并登正朔,用符纪岁授时之义。"(《清高宗实录》卷850"乾隆三十五年正月丙戌"条,北京:中华书局,1986年,第391页。)

武元年回溯。元朝在中原使用的最后一个年号为至正。朱元璋
起兵之初,归附韩宋政权,使用龙凤纪年。至正二十六年(1366),
即龙凤十二年,韩林儿死,朱氏政权借此自立,朱元璋遂改次年
(1367)为吴元年。吴二年(1368)正月初四日,朱元璋登皇帝位,
建立明朝,改元洪武。

明朝开国伊始,即按例颁历天下,则其纪年表当如何处理建国
之前的年份? 明人对开国之初历日纪年表形制的描述,存在两种
说法。

一种以郎瑛《七修类稿》的记载为代表:"国初历,其式与今不
同……纪年由洪武元年以前书吴元年,溯上只书甲子平行,不用年
号。"[1]田艺蘅《留青日札》大体因袭郎瑛所述:"国初历……与今
式不同,而纪年则由洪武元年以前吴元年,溯上则但书甲子平行,
不用故元之年号也。"[2]

另一种说法,出自顾起元《客座赘语》:"国初历,民间有藏者,
其式与今不同……有甲子而无年号。案此恐是洪武未建元以前太
祖为吴王时所刊行者,以后既建元,遵用《授时历》,则未有不纪年
号者矣。"[3]还有沈德符记载:"尝见故老云,国初历日,自洪武以前
俱书本年支干,不用元旧号。"[4]顾、沈二人的记述,显然是忽略了
朱元璋集团曾经使用过的吴元年纪年。

明初历日存世极为罕见,如《汇编》所收录之《大统历》年份

[1]郎瑛:《七修类稿》卷2《历书沿革》,北京:中华书局,1959年,第51页。
[2]田艺蘅:《留青日札》卷12,上海:上海古籍出版社,1985年,第411—412页。
[3]顾起元:《客座赘语》卷1《国初历式》,北京:中华书局,1987年,第32页。
[4]沈德符:《万历野获编·补遗》卷1《列朝·年号别称》,北京:中华书局,
　　1959年,第799页。

最早者，为《大明正统十一年（1446）岁次丙寅大统历》，已距明朝开国已近八十年。邓文宽曾经考订过吐鲁番出土《大明永乐五年历日岁次丁亥（1407）大统历》残片，该残历藏于德国国家图书馆，编号为Ch3506，这是迄今为止最早的明代历日，可惜残片缺失严重，仅存六月下旬一小段内容。[1]

　　台北"国家图书馆"藏有明钦天监刊本《大明永乐十五年（1417）岁次丁酉大统历》一册，永乐十五年距明朝开国不远，若自该年回推年份共一甲子，当对应为元朝至正十八年（1358，戊戌年）。此件历日保存完整，纪年表清晰可辨。今取其后半部分如图1-4：

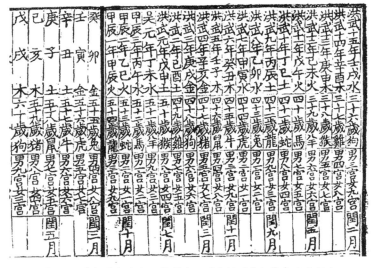

图1-4　《大明永乐十五年岁次丁酉大统历》纪年表后半部分

[1] 邓文宽：《吐鲁番出土〈明永乐五年丁亥岁（1407）具注历日〉考》，参见氏著：《敦煌吐鲁番天文历法研究》，兰州：甘肃教育出版社，2002年，第255—261页。

该纪年表自永乐十五年起回推，洪武纪年到戊申（1368）止，上溯丁未（1367）用吴元年；再上溯，就使用了三年甲辰纪年：即丙午（1366）用甲辰三年，乙巳（1365）用甲辰二年，甲辰（1364）用甲辰一年；其后上溯，使用干支纪年，自癸卯（1363）始，回推至戊戌（1358）。

明初历日中的纪年制度，即反映出明朝初建时期昭示正统的姿态。洪武以前的纪年，吴元年系吴王朱元璋自建，亦列于纪年表中；其他年号如元朝的至正、朱氏政权曾使用过的龙凤等，明廷皆不承认其合法性，故明初历日中不列这些年号。吴元年之前上溯为甲辰纪年，此举意味深长，盖因彼甲辰年对应为元朝至正二十四年（1364），该年朱元璋始自称吴王，明廷以朱氏政权为正统，为表明其统治之肇始，故使用甲辰纪年。唯甲辰纪年之始不用元年，而用甲辰一年，其规格有所降低，毕竟甲辰是干支，不是实际使用过的年号，仅体现纪念意义而已。检索明代前期的历史文献，也可以见到偶有甲辰二年、国初甲辰年等用法。

明初大统历日纪年表中，对于建政之前的年份使用干支纪年，这与宋庠所见辽历遵循同一政治传统。这种方式，也被清朝统治者心领神会地加以继承。笔者见过国家图书馆藏《大清顺治三年（1646）岁次丙戌时宪历》，该历纪年表自顺治三年起回推一周甲子，上溯皇太极所建年号崇德，再到后金天聪汗号纪年，乃至努尔哈赤所谓天命，再前面上溯年份仅列出干支，完全不用明朝年号，此即为清初纪年制度，其形制因循前代故例。[1]

---

[1] 1946年，李思纯曾见到过清初三藩之乱时吴三桂政权所颁历书，亦可作为参证，见李思纯：《跋吴三桂周五年历书（其一）》，载四川大学史学系1948—1949年初刊、1956年装订发行之《史学论丛》，第36页。据该跋介（转下页）

二、洪武—建文纪年"革除"问题

大统历日纪年表中洪武—建文纪年"革除"问题，缘自靖难之变。

明太祖朱元璋洪武年号仅行用31年（1398），继任者建文帝之建文年号有四年（1402）。明成祖登基后，为掩饰其夺位不正，恢复洪武年号，建文四年遂称洪武三十五年，[1]此举意味着不承认建文帝的四年统治，昭示自己继承的是乃父之统。

明成祖改建文纪年为洪武一事，后世的通行说法是"革除建文年号"，或简称"革除"。明廷"革除"政策亦在大统历日纪年表中得到体现。台北图书馆藏《大明永乐十五年岁次丁酉大统历》之纪年表中，四年建文纪年（己卯、庚辰、辛巳、壬午）相应纪为洪武三十二、三十三、三十四、三十五年（1399—1402）。

《汇编》中，也有八种历日——《大明正统十一年（1446）岁次

（接上页）绍说："涉园主人见示所藏吴三桂周五年历一帙，得之雅安废寺中"。李氏考诸史籍，发现吴三桂确有颁历之事："（康熙）十七年戊午，即周五年三月，（吴三桂）践帝位，改元昭武，以衡阳为定天府，置百官，造新历，举川湘滇黔乡试，七月死。"李思纯据吴周历日纪年表论述其政治态度曰："三桂称帝在周五年戊午，其前四年建国号周而不称帝，盖尚首鼠于复明之议。及垂死时窃帝号自娱，故追溯称帝前四年以为元年，更前仅列干支而不奉清正朔。然甲申以前为明思宗纪元，乙酉为福王弘光纪元，丙戌为唐王隆武纪元，丁亥为桂王永历纪元，吴历皆仅具干支，固知其未尝有旧君故国之思矣。"李氏又取吴历纪年表与陈垣《二十史闰朔表》清朝闰朔对比，发现"两历之异实微"，从而指出吴三桂"奉清正朔既久，一旦称帝，乃据清颁时宪历，而故异其一二末节，以示独立自主，实与清历根本仍同"，此种情形，乃是"蓄意与清历相违"。

[1]《明太宗实录》卷9上"洪武三十五年六月庚午"条，台北："中研院"史语所校印本，1962年，第136页。《明太宗实录》卷9下"洪武三十五年七月壬午"条，第145页。本书所引用的《明实录》，皆为台北"中研院"史语所1962年校印本。

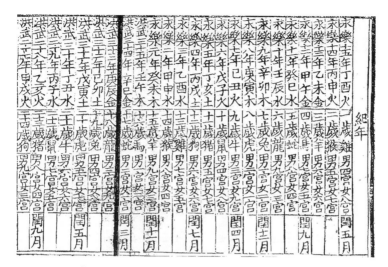

图1-5　《大明永乐十五年岁次丁酉大统历》纪年表起首部分内容

丙寅大统历》《大明正统十二年（1447）岁次丁卯大统历》《大明正统十三年（1448）岁次戊辰大统历》《大明正统十四年（1449）岁次己巳大统历》《大明景泰元年（1450）岁次庚午大统历》《大明景泰三年（1452）岁次壬申大统历》《大明景泰四年（1453）岁次癸酉大统历》《大明景泰八年（1457）岁次丁丑大统历》——可以见到"革除"现象。

大统历日纪年表中的洪武—建文纪年"革除"问题，影响甚至远及天顺朝。

第三节　改元易号问题

皇帝登基之惯例，当更易年号纪年。因明廷将颁历定在年前举行，一般是十月朔或十一月朔日，而皇位更替时间不定，其诏令更改年号亦非定期。颁历需要与改元衔接,更新年号,因此存在两种情况:若改元时次年新历已颁,如景泰—天顺纪年问题及嘉靖—隆庆纪年问题;若改元时次年新历待颁,如万历—泰昌纪年问题。

一、景泰—天顺及嘉靖—隆庆纪年问题

景泰—天顺纪年问题,缘自明英宗与景帝之皇位交替。

正统十四年(1449),明英宗亲征瓦剌,兵败土木堡,被掳北去。景帝即位,遥尊英宗为太上皇,改明年为景泰元年(1450)。英宗从瓦剌归来后,被景帝软禁于南宫。景泰八年(1457)正月十六日夜,一帮贪功逢迎之臣发起"夺门之变",迎请太上皇英宗复位。南宫复辟之后,新朝廷亦以彰正名义为要务。正月二十一日,英宗诏改景泰八年为天顺元年(1457)。天顺元年二月初九日,适逢钦天监编造次年历日,礼部右侍郎掌钦天监监事汤序提议:

> 郕王既复旧藩,义当革其年号,今本监成造天顺二年历日,其历尾所书景泰年号宜复以正统年号书之。[1]

案汤序本为钦天监中官正,由"夺门"之功从六品小官一跃成为三品大员,造历事务亦为其所领,自当尽心筹度。江山易主之际,汤序所请,显然是鉴取永乐朝"革除"之前辙。"夺门"距"靖难"不过五十余年,两者皆为非常规的皇位交替,一定程度上可为联系参照。

值得注意的是,汤序提议之际,大统历日纪年表中"革除建文年号"现象仍然存在。若汤议获准施行,则纪年表中正统纪年将

---

[1]《明英宗实录》卷275"天顺元年二月癸卯"条,第5841页。

延续七年,共长达二十一年!

　　汤序提请革除景泰年号,实出于逢迎邀宠。英宗却不为所动,回应道:"郕王年号当革,但朕念天伦之亲,有所不忍,其仍旧书之。"[1]英宗所谓"年号当革",应是考虑到前代故例。可是毕竟时过境迁,复辟后的政治斗争远不如与成祖夺位时之残酷,故终未效法永乐朝"革除"。

　　景泰八年大统历日已于景泰七年(1456)十一月朔日颁行天下,次年正月"夺门"后虽改元天顺,但并未重颁本年新历,故无天顺元年大统历日。《汇编》所收《大明景泰八年(1457)岁次丁丑大统历》纪年表起首部分如图1-6:

　　此历纪年表之首行,丁丑年仍为景泰八年。

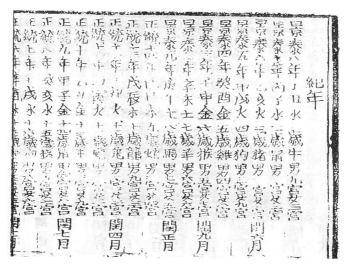

图1-6　《大明景泰八年岁次丁丑大统历》纪年表起首部分

[1]《明英宗实录》卷275"天顺元年二月癸卯"条,第5841页。

　　《汇编》虽未收天顺朝（1457—1464）历日,但仍有稍晚颁行的《大明成化四年（1468）岁次戊子大统历》等作为参考,今取其纪年表起首部分如图1-7:

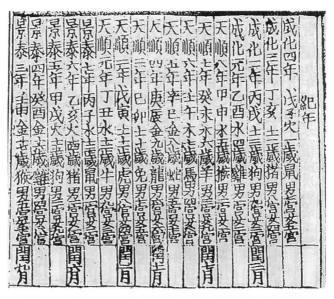

图1-7　《大明成化四年岁次戊子大统历》纪年表起首部分

该历纪年表中,丁丑年行为天顺元年,之前七年景泰年号俱保留,此当沿袭天顺朝故例。

　　嘉靖—隆庆纪年问题,缘自世宗与穆宗之皇位更替。

　　嘉靖四十五年（1566）十二月,世宗崩,裕王朱载垕即位,是为穆宗,诏改明年为隆庆元年。然嘉靖四十五年颁历日期为十月朔,当时世宗仍在位,造次年《大明嘉靖四十六年（1567）岁次丁卯大统历》,颁行天下,今取该历纪年表起首部分如图1-8:

　　周绍良收藏有上述历日,其首页"嘉靖四十六"被墨笔涂改

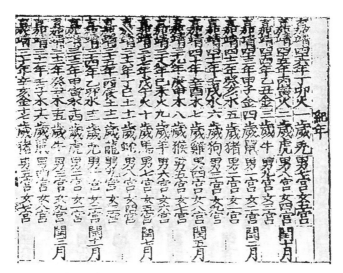

图1-8　《大明嘉靖四十六年岁次丁卯大统历》纪年表起首部分

为"隆庆元"字样，周氏据天顺元年事例，认为无隆庆元年历日[1]，此说不免过于武断。据《明实录》记载，隆庆元年（1567）正月二十八日，穆宗"命钦天监造《隆庆元年大统历》通行天下"[2]，这就是新纪元需要颁新历日的缘故。

隆庆朝所颁历日，纪年表丁卯年行皆改为隆庆元年，以《大明隆庆三年（1569）岁次己巳大统历》为例，如图1-9。

大统历日纪年表中，景泰—天顺与嘉靖—隆庆纪年问题，可谓情况相类。天顺、隆庆二朝历日，纪年表中前朝纪年皆与前任皇帝末年所颁之历不同。究其实质，为前任皇帝颁发次年新历后不久，出现皇位更替，继任皇帝诏令次年改元。但朝廷已颁民间之历不

[1] 周绍良：《明〈大统历〉》，《文博》1985年第6期。
[2]《明穆宗实录》卷1"隆庆元年正月甲寅"条，第23页。

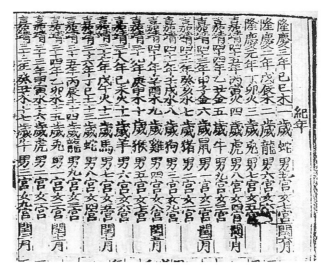

图1-9 《大明隆庆三年岁次己巳大统历》纪年表起首部分

便更改,只能在下一年大统历日纪年表中,列出新纪年之元年,以示继任皇帝统治之始。

二、万历—泰昌纪年问题

大统历日纪年表中万历—泰昌纪年问题,缘自神宗、光宗、熹宗三帝在短时间内的两次皇位更替。

万历四十八年(1620)七月,神宗驾崩。八月初一日,光宗即位,诏改明年为泰昌元年。明制,钦天监于每年二月进来岁历样,其时颁历日期为十月朔,光宗即位之前,明廷已预备颁行次年(辛酉年,1621)历日,即《万历四十九年大统历》。既已定于明年改元,故八月初四日,钦天监"请改书历日年号"[1],获准施行。次

[1]《明光宗实录》卷3"泰昌元年八月己酉"条,第80—81页。

年历日当改为《泰昌元年大统历》，按例，此历纪年表首辛酉年（1621）行当改万历四十九年为泰昌元年。

然光宗登基后不久即染病，在位不足一个月便撒手西去。九月初六日，熹宗嗣位，诏改明年为天启元年。仅月余时间，明廷经历两次皇位更替，其八月之诏以明年为泰昌元年，而九月之诏又以明年为天启元年。熹宗登基之际，纪年问题成为朝臣论争的焦点。他们最初形成三种意见：

> 或议削泰昌弗纪；或议去万历四十八年，即以今年为泰昌；或议以明年为泰昌，后年为天启。[1]

纪年是皇帝统治的象征，这三种处理方式，实际上都意味着要牺牲祖孙三帝之一。前者否认了光宗统治之存在，次者将神宗在位年份削去末年，后者则是有碍熹宗之明年改元。三种意见似乎都不够允洽，故群臣未能达成一致。

此时，礼科给事中李若珪、暴谦贞提出的另一种特殊意见，脱颖而出。李若珪奏称：

> 除明年正月初一日为我殿下纪元，今年自八月初一先帝登极之日以至十二月终断，宜借之先帝，俱称泰昌每年月日。万历年号断自今年七月终止。则是先帝之年号既不亏万历之实数，又不碍殿下明年之称元，实至便也。[2]

---

[1]《明史》卷244《左光斗传》，北京：中华书局，1974年，第6331页。

[2] 沈国元：《两朝从信录》卷2，《四库禁毁书丛刊》史部第29册，北京：北京出版社，2000年，第623页。

他建议,万历四十八年到该年七月终止,泰昌元年从八月到十二月。这样看来是能够调和问题,既不影响次年用天启纪年,又存留泰昌年号,也合乎神宗实际统治之终,故群臣多有认可者。

然而,此种处理方式也面临着反对意见,有人称其不合礼制,即违背传统"未逾年不改元"之惯例。御史左光斗引述旧典,举出史书中唐顺宗永贞年号附于德宗贞元二十一年之后等数例为证,支持李、暴之议。[1]

最后,礼部侍郎孙如游执此意见上疏:

> 伏乞敕下,臣部通行天下一切章奏文移,自今年八月朔至十二月终俱用泰昌元年。[2]

所见九月十四日诏书,落款仍称为万历四十八年,[3]可见该议采纳时间较晚。

值得注意的是,论者议纪年改元事,多有关注朝廷颁历之制者。如李若珪提出"造历在即,时刻难缓"[4],意谓时维九月,颁历之期迫近,亟待明廷确立纪年制度,恳请尽快施行其议,载于历中。

左光斗疏亦从颁历角度阐释泰昌纪年问题面临之困境:

---

[1] 左光斗:《左忠毅公集》卷1《登极必用诏书疏》《年号议疏》,《四库禁毁书丛刊》集部第46册,北京:北京出版社,2000年,第216—217页。

[2]《明光宗实录》卷3,第53—54页。

[3] 孔贞运辑:《皇明诏制》卷10,《续修四库全书》第458册,上海:上海古籍出版社,2003年,第411页。

[4] 沈国元:《两朝从信录》卷2,《四库禁毁书丛刊》史部第29册,北京:北京出版社,2000年,第623页。

若使泰昌晏驾稍待半年,或稍待二三月,又或泰昌之诏未宣,而泰昌之历已颁,则可以无今日之议;惟诏已颁矣,历未改矣,天启之明年已定矣,泰昌二字茫无安顿。[1]

如光宗死于次年,或是当年十月之后,《大明泰昌元年岁次辛酉大统历》已颁行天下,官方法定纪年制度已既成事实,可照旧例行,无须争辩。现实情况是,在颁历之前,已确定次年改元天启,需要颁行《天启元年大统历》,按传统方式,纪年表中泰昌年号的位置确实不便安排。

不久后,熹宗下《泰昌元年〈大统历〉敕谕》曰:

朕惟皇考嗣登宝位,甫逾再朔,奄弃臣民,善政徽猷,靡可殚纪。父作子述,著代为先,正始受终,得统为大。维先帝之庞恩湛泽,永结于人心,宜泰昌之建号纪元,昭垂于万世,于以明缵承之显序,彰启佑之洪庥。明发有怀,方深轸慕,再览廷议,实获朕心。其以万历四十八年八月初一日至十二月终为泰昌元年,并载《大统历》庚申纪年行内,礼部通行天下,一切章奏、文移,遵奉施行。钦哉,故谕!
泰昌元年九月二十日。[2]

于是,钦天监又改书历日年号,即改次年历日为《天启元年大统

[1] 左光斗:《左忠毅公集》卷1《年号议疏》,《四库禁毁书丛刊》集部第46册,北京:北京出版社,2000年,第216—217页。
[2] 孔贞运辑:《皇明诏制》卷10,《续修四库全书》第458册,上海:上海古籍出版社,2003年,第411页。

历》,并及纪年表。今计印造历日诸环节,除刻版外,还需采办纸张,印刷装帧等多道工序,时间紧迫,因此该年颁历日期推迟到十一月朔日。[1] 又,明代各布政司历日,皆朝廷发历样,自行印造,对于某些偏远布政司而言,上述更改纪年体例之敕谕并不能够在十月朔日前及时抵达,所以这种泰昌年号历日完全有可能流出。

《汇编》中收有《大明泰昌元年岁次庚申大统历》,乃是一残卷,仅存后半部分数页内容,及后人另加封面并笔书"大明泰昌元年大统历"。经过考证,该历年份非庚申年,应属下一年,即辛酉年,且残历原件与《汇编》所收《大明天启元年(1621)岁次辛酉大统历》同,亦可参证。考虑到当年历日印造过程中的特殊情况,颇疑后人手书"大明泰昌元年大统历"有所本,建议以此定名。[2]

《大明天启元年岁次辛酉大统历》纪年表完好无损,兹取其起首部分作为例证,如图1-10。

该表首行辛酉年纪为天启元年,次行庚申年纪年"泰昌元年八月起,万历四十八年七月止",是为熹宗敕谕之贯彻。

《大统历》庚申年行内采用上述特殊纪年方式,并未持续多久。《汇编》虽收录《大明天启二年(1622)岁次壬戌大统历》,然此历纪年表已阙失,无法辨识,所幸《汇编》收录有天启三年(1623)、四年(1624)、五年(1625)以及部分崇祯朝历日,其纪年表

---

[1]《明熹宗实录》卷3,第119页。类似的例子,曾出现在崇祯帝登基之际,案崇祯帝即位于天启七年(1626)八月二十四日,该年颁历日期就因为改历日年号而推迟为十一月朔日。参见:汪小虎《明代颁赐王历制度考论》,《史学月刊》2013年第2期。

[2] 汪小虎:《〈大明泰昌元年大统历〉考》,《上海交通大学学报(哲学社会科学版)》2010年第4期。

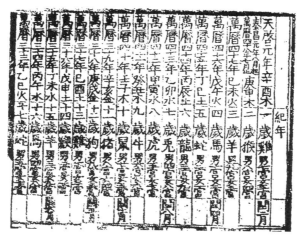

图1-10　《大明天启元年岁次辛酉大统历》纪年表起首部分

庚申年行内，万历—泰昌纪年又采取了另一种形式。今取较清晰的《大明天启四年（1624）岁次甲子大统历》，如图1-11：

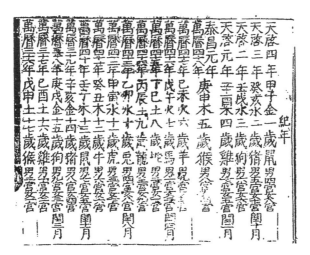

图1-11　《大明天启四年岁次甲子大统历》纪年表起首部分

彼时代《大统历》纪年表庚申纪年行有所简化，"泰昌元年""万历四十八年"并列，即意味着此两年纪年合用庚申年，后世大统历日皆遵行此制。

万历—泰昌纪年问题的实质，为颁发次年新历之前，出现皇位更替，继任皇帝诏令次年改元，新历当改用新纪元颁行天下。而此次明廷一月之内出现两次皇位交替，新历两度改年号，因此推迟颁历。

本章小结及余论

通过本章对纪年表及其相关史事的考察，可见年号纪年亦在历书之中扮演了重要角色，体现出丰富的制度史价值。这种历史现象，又可以促进今人对颁历授"时"的性质展开进一步思考。

颁历授时是一种国家行为，其施行之前提，需要造成来年新历。中国古代天文历法之学长期由官方垄断，天文官员们从事今人看来的"科学活动"，他们根据天文历法知识，可以推步得出闰朔、节候等时间要素。

然而，作为皇朝的时间体系，却不止于此。如年号纪年，并不涉及历法推算，却与政治合法性息息相关。当下政权对时间具有支配权与解释权，朝廷为昭示自身合法性，会在纪年表中追改前任统治者之年号纪年。朝廷造历，又需要与改元衔接，纪年表亦随之更新年号。如大统历日纪年表中的"景泰—天顺"纪年关系，臣属先期为逢迎邀宠曾提议"追改纪年"，但皇帝又强调兄弟之谊而未依前例，遂演变为"改元易号"问题。又如"万历—泰昌"纪年关系，当年号事宜迟迟未定，有人提出造历日期紧迫，呼吁尽快确立纪年体例。总之，朝廷在造历颁行之前，已将时间体系打上了帝王统序的烙印。

　　朝廷正朔不仅仅是闰朔、节候等未来时间安排,它还应该进一步涵盖年号纪年,甚至需要追溯到过往的一定年份。统治者通过颁历授时活动,力图向臣民推行一个以年、月、日等共同构成的时间坐标系统。

　　另一方面,纪年表篇幅有限,就大统历日而言,因其特定形制,此一时间坐标长度亦不过六十年。明朝开国多年之后,世人没有实物可以参照,关于早期纪年表历史记忆的若干细节(如三年甲辰纪年),又在岁月的推移中逐渐流逝。

第二章
明代颁历之仪式

明清二代,皇帝每年岁末御殿,受天文官员进献次年新历,并颁赐群臣,此为国家要政、朝廷盛典。这是京城的重要礼仪活动,在朝廷颁历仪式之后,历书才能颁发民间。颁历盛典让西方传教士们印象深刻,南怀仁(Ferdinand Verbiest)所撰《欧洲天文学》就有专门章节对此进行过介绍。[1]

通常情况下,制度的确立并非朝夕之功,往往需要一个过程。新制度,无不是建立在旧制度的基础之上,明清二朝进历、颁历仪式亦是如此。明朝开国之际,曾参考前代旧例,置有"进历仪",洪武二十六年,又置有"颁历仪"。对明代进历、颁历仪式问题的具体研究,仅见近年来刘利平对明钦天监进历、颁历时间的考辩[2]。其他的相关研究,基本上是对仪式进行简单介绍,常常是直接引述《实录》《会典》等政典记载,未能深入分析。

本章尝试追溯源头,考察明初仪式之确立过程,对仪式流程进行环节划分,阐述其具体内容,从而解读仪式变迁的含义所在;最后,探讨仪式在明代政治生活中的重要意义。

---

[1] [比]南怀仁:《南怀仁的〈欧洲天文学〉》,[比]高华士英译,余三乐中译,郑州:大象出版社,2016年,第75—76页。
[2] 刘利平:《明代钦天监进呈历时间考》,《史学集刊》2009年第3期。

第一节　明初仪式之确立过程

一、"洪武初制"

元至正二十四年（1364），即（韩）宋龙凤十年，吴国公朱元璋自立为吴王。次年，吴王正式设立天文机构——太史监，迈出了争夺帝王"通天"特权的重要一步。[1]龙凤十二年（1366），韩林儿死，朱氏政权借此自立，以明年为吴元年。其时成立新朝条件已成熟，吴王遂颁行律令，自建礼仪制度。

吴元年（1367），朱氏改太史监为太史院，又参照元制设置天文机构职官。颁历授时为国家统治之要政，也被提上议事日程。适时御史中丞刘基兼任太史院使，他与下属高翼编制出次年历日——《戊申岁大统历》。[2]《大统历》之推算，基于元朝《授时历》术文基础，然新历已改换门面，又不用元朝年号纪年，这是新朝气象的体现。

朱氏集团为颁历授时之政设计了一套"进历仪"。

（1）进历的礼仪渊源

进历，即天文官员编造历日完成后，将其进献皇帝。进历的礼仪渊源，可以追溯到汉代，如《后汉书·百官志》记载太史令职责："掌天时、星历，凡岁将终，奏新年历。"[3]唐代相关史料虽缺失，而古代日本施政多沿用唐朝之例，或可援引其制度作为参考。在

---

[1] 江晓原：《天学真原》，沈阳：辽宁教育出版社，2004年。
[2]《明太祖实录》卷27"吴元年十一月己未"条，台北："中研院"史语所1962年校印本，第416页。
[3] 范晔：《后汉书》卷115《百官二》，中华书局，1976年，第3572页。

日本平安时代（794—1192），一般由历博士提供历样原稿，阴阳寮负责制成御历二卷、各司用历一百六十六卷，每年十一月朔日，阴阳寮将御历上奏天皇，该仪式被称为"御历奏"，随后颁历给内外诸司。[1]日本《三代实录》对进历事宜多有记载，试举二例：

> 阴阳寮奉进明年御历，例也，天皇不御紫宸殿，付内侍奏。[2]
>
> 天皇御紫宸殿，中务省率阴阳寮官人、历博士等，于庭奏进御历，六府奏番上簿。[3]

据上二例可知，无论天皇御殿与否，进呈御历已为定例。

关于元代进历事宜，可见张昱诗曰："《授时历》尽当冬至，太史异官近侍前。御用粉笺题国字，帕黄封上榻西边。"[4]每年冬至时节，太史院官向元帝进呈御用历，该历用粉笺题写蒙古文字，以黄色丝物封裹，乃从御榻之西进呈。吴王政权确定"进历仪"时间为冬至日，与元朝之进历同日举行，具有昭示争夺统治秩序的意义。

吴王政权之太史院与太常司共议礼仪，其考稽前朝典故曰："宋以每岁十月朔，明堂设仗，如朝会仪，受来岁新历，颁之郡

---

[1] 李廷举、吉田忠主编：《中日文化交流史大系·科技卷》，杭州：浙江人民出版社，1996年，第50页。

[2]《日本三代实录》卷42，今据《国史大系》卷4，东京：经济杂志社，明治三十七年（1904）印行，第595页。

[3]《日本三代实录》卷49，今据《国史大系》卷4，东京：经济杂志社，明治三十七年（1904）印行，第700页。

[4] 张昱：《张光弼诗集》卷3《辇下曲》，《四部丛刊续编·集部·张光弼诗》，上海：上海书店，1934年，第452页。

县。"[1]这是指北宋政和年间所定明堂颁朔布政礼,《宋史》记载政和七年(1117)颁朔布政过程如下:

> 百官常服立明堂下,[帝]乘舆自内殿出,负坐斧扆明堂。大晟乐作,百官朝于堂下,大臣升阶进呈所颁布时令,左右丞一员跪请付外施行,宰相承制可之,左右丞乃下授颁政官,颁政官受而读之讫,出,阁门奏礼毕。帝降坐,百官乃退。[2]

宋徽宗时所定颁朔布政礼,是当时明堂礼制的一部分,其兴起迅速,却是昙花一现。徽宗禅位后,靖康元年(1127),钦宗诏罢颁朔布政。吴元年"进历仪"之设计,一定程度上参考了该礼制。

吴元年冬至前一日,即十一月二十二日,中书省臣同太史院使刘基觐见朱元璋,对仪式流程进行了介绍:

> 至日黎明,上御正殿,百官朝服,侍班执事者设奏案于丹墀之中,太史院官具公服,院使用盘袱捧历,从正门入,属官从西门入,院使以历置案上,与属官序立,皆再拜,院使捧历由东阶升,自殿东门入,至御前,跪进。上受历讫。院使兴,复位。皆再拜。礼毕,乃颁之中外。[3]

次日,太史院使刘基进呈《戊申岁大统历》,君臣"如仪行之",是为"洪武初制"。仪式结束后,吴王朱元璋召见刘基时提出:"古

---

[1]《明太祖实录》卷27"吴元年十一月己未"条,第415页。
[2]《宋史》卷117《明堂听政仪》,北京:中华书局,1977年,第2772—2773页。
[3]《明太祖实录》卷27"吴元年十一月己未"条,第416页。

者以季冬颁来岁之历,似为太迟,今于冬至,亦为未宜,明年以后,皆以十月朔进。"[1]在此之后,明廷进历、颁历时间几经变动,大致规律是:洪武初年为每年十月朔日,六年(1373)改九月朔,十三年(1380)又改回十月朔,至二十六年(1393)复改回九月朔,成祖登基后改为十一月朔日,至嘉靖十九年(1540)又改为十月朔。[2]

(2)百官陪班受历

"洪武初制"开创了百官陪班受历的传统,与前代颇有不同。

唐代颁赐历日,可见《玉海》引《集贤注记》:"自置院之后,每年十一月内即令书院写新历日一百二十本,颁赐亲王、公主及宰相公卿等,皆令朱墨分布,具注历星,递相传写,谓集贤院本。"[3]王公贵戚如此,那么普通官员是如何获得历日呢?据黄正建在日本《养老令》基础上复原出的唐代"造历"法令:"诸每年[太史局]预造来岁历,[内外诸司]各给一本,并令年前至所在。"[4]各级普通官员获得历日,当是由官府传送。

北宋《天圣令》则进一步规定了具体的颁散部门:"诸每年司天监预造来年历日……枢密院散颁,并令年前至所在。"[5]

元代《宫词》有云:"珠宫赐宴庆迎祥,丽日初随彩线长。太史院官新进历,榻前一一赐诸王。"[6]该诗后补注"每岁日南至,太史进

---

[1]《明太祖实录》卷27"吴元年十一月己未"条,第416页。

[2]刘利平:《明代钦天监进呈历时间考》,《史学集刊》2009年第3期。

[3]王应麟:《玉海》卷55《唐赐历日》,南京:江苏古籍出版社,1987年,第1054页。

[4]黄正建主编:《天一阁藏明抄本天圣令校证》,北京:中华书局,2006年,第734—735页。

[5]黄正建主编:《天一阁藏明抄本天圣令校证》,北京:中华书局,2006年,第429页。

[6]柯九思等:《辽金元宫词》,《宫词十五首》之十三,北京:北京古籍出版社,1988年,第4—5页。

来岁历日",日南至,指冬至,以此可确定进新历这天是冬至日。从
全诗叙述背景看来,事件发生场合应为蒙元统治集团的某次宴会,
或为祝冬至节令,太史院进历,皇帝顺便赐给诸王。元人黄溍记载
延祐六年(1319)政事,亦可为参照:该年冬至日,元仁宗坐文德殿,
太史院官进历,重臣柏帖木儿执《授时历》与皇帝论政。[1]看来元
代进历之例,仅是诸王级别的少数亲贵在场,皇帝受历后当即颁赐。

　　至于元朝普通臣工获历情形,可见《析津志》的记述:"太史
院以冬至日进历,上位、储皇、三宫、省院、百司、六部、府寺监并
进。"[2]进历之时,普通臣工并不陪班,不能获赐历日,盖其时沿袭
早期传统,由官府传送历日到各衙门。

　　吴元年"进历"参照北宋"颁朔布政"礼,如朝会之仪,皇帝御殿,
百官朝服陪班。进历礼毕,朝廷即"颁之中外"。中、外分指向宫中、
宫外。典礼举行于宫内,当是参与者皆获赐历日,这与前代臣属获历
方式颇有不同。"洪武初制"最终发展成为洪武后期的"颁历仪"。

二、"洪武定制"

　　吴二年(1368)正月初四日,吴王朱元璋登基称帝,国号大明,建
元洪武,旋即北伐胡元,攻克大都,平定天下,开创明朝基业。洪武一
朝,国家趋于安定的同时,明廷正纪纲,谨法度,定服色,易风俗,不断
修订各种礼仪制度,逐步形成了完备的体系。

　　洪武后期,明廷进一步发展颁历之礼,后世长期遵循,是为明

[1]黄溍:《金华黄先生文集》卷43《太傅文安忠宪王家传》,《丛书集成续编》第
　　136册,台北:新文丰出版公司,1991年,第365页。
[2]熊梦祥著,北京图书馆善本组辑:《析津志辑佚·岁纪》,北京:北京古籍出版
　　社,1983年,第212页。

清二代每岁末举行颁历仪式的原点,笔者称之为"洪武定制"。据《明太祖实录》记载此事缘由,洪武二十六年(1393)六月,太祖以"立国以来,几三十年,制度典章虽曰备具,然官制既多更定,而礼文屡有损益,故欲因繁就简,立为中制,以成一代令典",[1]乃命礼官与群臣同议,重定礼仪。内容具体包括:正旦朝会仪、中宫朝仪、东宫朝仪、大宴礼、进春礼、颁诰仪、开读诏赦仪、颁历仪等。较之早期制度,这些典仪过程更为繁复,场面更加恢宏壮阔。

又,明廷洪武二十六年三月刊行之《诸司职掌》,实际上是记载"颁历仪"的最早文献。今引述其成书过程如下:

> (洪武二十六三月)庚午,《诸司职掌》成。先是,上以诸司职有崇卑,政有大小,无方册以着成法,恐后之(泣)[莅]官者罔知职任政事施设之详,乃命吏部同翰林儒臣仿《唐六典》之制,自五府六部都察院以下诸司,凡其设官分职之务,类编为书。至是始成,名曰《诸司职掌》。诏刊行颁布中外。[2]

据上可知,"洪武定制"是由吏部及翰林儒臣等先期商定,故其实际确立时间还可以进一步提前。

第二节　明代颁历仪式流程划分

大凡仪式之举行,人们需要遵循一套固定程序,按部就班操

---

[1]《明太祖实录》卷228"洪武二十六年六月壬寅"条,第3329页。
[2]《明太祖实录》卷226"洪武二十六年三月庚午"条,第3308页。

作。明代颁历仪式有明文可据,为进一步认识其结构,亟待对其流程进行划分。

一、"洪武初制"之流程

"洪武初制"涉及人物,有皇帝、朝臣、礼官、天文官四类。笔者将其过程分为四个环节:预备、置历、进历、颁历。具体步骤如表2-1:

表2-1　"洪武初制"环节划分

环节	内　　容
预备	至日黎明,上御正殿,百官朝服侍班,执事者设奏案于丹墀之中。
置历	太史院官具公服。院使用盘袱捧历,从正门入,属官从西门入,院使以历置案上,与属官序立,皆再拜。
进历	院使捧历由东阶升,自殿东门入,至御前,跪进。上受历讫。院使兴,复位。皆再拜。
颁历	礼毕。乃颁之中外。

二、"洪武定制"之流程

如前所述,传世文献所载"洪武定制"内容,最早为《诸司职掌》。以下取明代不同时期记载仪式较为详细的四个官方文本,《明太祖实录》《(正德)明会典》《(万历)大明会典》,以及崇祯朝《礼部志稿》,分别比较其异同。

较之洪武初,"洪武定制"要繁复得多。笔者看来,可以大致划分为九个环节:前期、朝拜、升座、进历、举案、排班、传制、颁历、退场。涉及人物,亦如"洪武初制",有皇帝、朝臣、礼官、天文官四类。具体步骤如表2-2:

表2-2　"洪武定制"环节划分

环节	《诸司职掌》《(正德)明会典》	《明太祖实录》	《(万历)大明会典》《礼部志稿》
前期	前期一日,尚宝[司]设御座于奉天殿。教坊司设《中和乐》于殿内。其日陈设如常仪。仪礼司设御历案于殿中,设百官历案于丹陛中道,设进历案于御陛下。	前期陈设如常仪,仪礼司设进历案于御殿中,设进历案于丹陛中道,设百官历案于丹陛下。	同《诸司职掌》,惟奉天殿改名为皇极殿
就位	鼓初严,引礼引文武官,进历官入诣侍立位。鼓三严,执事文武官诣华盖殿,行五拜三叩头礼。毕,传制,受历侍,从等官各就位。	鼓初严,引礼引历官,进历官入就侍立位。鼓三严,传制,受历侍,从官各就位。文武执事官诣谨身殿,五拜三叩头。	同《诸司职掌》,惟华盖殿改名为中极殿
升座	皇帝服皮弁服出。乐作。升座,卷帘。乐止。鸣鞭,讫。	导驾至奉天殿。皇帝具皮弁服升座。乐作。卷帘。乐止。鸣鞭,讫。	同《诸司职掌》
进历	引礼引进历官就位。赞礼唱:"鞠躬"。乐作。赞:"四拜"。平身。乐止。典仪唱:"进历。"引礼引进历官,由东阶升诣丹陛案前。赞:"跪"。搢笏。取历,由殿东门至靠东人,内赞唱:"跪"。外赞唱:"众官皆跪。"唱:"进历。"监官以历	引礼引进历官就位。乐作。"进历。"引礼引钦天监正,由东阶升。乐作。诣丹陛案前。跪,搢笏,取历,由殿东门入,至殿中,跪。内赞唱:"跪。"外赞唱:"众官皆跪。"乐止。唱:"进历。"	同《诸司职掌》

（续表）

环节	《诸司职掌》《(正德)明会典》	《明太祖实录》	《(万历)大明会典》《礼部志稿》
进历	置于案。内赞唱："出笏，俯伏、兴。""外赞""复位。"内赞唱："平身。"引礼引进历官由百官门出，乐作。乐止。赞礼唱："鞠躬。""乐作。"乐止。进历官退。	正以历置于案，唱："出笏，俯伏、兴。""外赞亦唱："俯伏、兴。""鞠躬。""拜。"乐作。乐止。下皆四拜。乐作。乐止。监正复拜位，乐作。监正以下皆四拜。乐作。监正退。进历官退。	
举案	执事举百官历于丹墀中道。	执事举百官历于丹墀中道。	同《诸司职掌》
排班	鸣赞唱："排班。""班齐，鞠躬，乐作。""四拜！""平身。"乐止。	赞："拜。"百官皆四拜。乐止。	同《诸司职掌》
传制	传制官诣御前，跪奏传制，俯伏、兴。由殿东门东出，至丹墀东西向立，称："有制。"赞礼唱："跪。""众官皆跪。"宣制曰："钦天监进某年《大统历》，颁行天下！"赞礼唱："俯伏、兴。""四拜。"乐作。乐止。赞礼唱："平身。"	传制官跪奏传制，俯伏、兴。由殿东门出，至丹墀东西向立，宣制曰："钦天监进某年《大统历》，颁赐百官，其赐天下！"赞："俯伏、兴。""四拜。"乐作。乐止。	同《诸司职掌》
颁历	唱："颁历。"颁历官取历散于百官。	颁历官取历散百官。	同《诸司职掌》
退场	散毕。驾兴。百官以出。	散毕。乐作。乐止。百官以次出。	同《诸司职掌》

从表2-2可以发现明代政典对"洪武定制"流程的记载大体相同,基本上是因袭传抄,可以认为后世诸朝颁历仪遵"洪武定制",大致不变。

显然,《(正德)明会典》是照《诸司职掌》旧文全录,《(万历)大明会典》《礼部志稿》等亦照录前文,仅改殿名而已。明制,奉天殿为正殿,其后曰华盖殿,又后为谨身殿。嘉靖三十六年(1557),三大殿毁于火灾,直至嘉靖四十一年(1562),三大殿重建完成,分别改名为皇极殿、中极殿、建极殿,是故成书较晚的《(万历)大明会典》和《礼部志稿》,皆相应更名。另一方面,后世政典编纂者仅更改相应殿名的举措,亦可为制度具体内容的稳定性提供佐证。

传世《明太祖实录》系永乐朝三修本,它对仪式的记载与《诸司职掌》在一些具体细节上各有侧重。据此可知,"洪武定制"可能还有一个更早的文本,已不存世。

第三节　明代颁历仪式之过程
——基于"洪武定制"的考察

"洪武初制"流程较为简单。"洪武定制"流程繁复,又长期施行,颇有必要详细介绍其流程。今人无法身临其境,面面俱到地考察数百年前的仪式场景,故笔者将基于官方文本,参照相关史料以及前人对明代典制[1]、朝仪[2]的研究,联系相关礼仪惯例,以及场所之情境,进行阐述。

---

[1] 张德信:《明朝典制》,长春:吉林文史出版社,1996年。
[2] 胡丹:《明代早朝述论》,《史学月刊》2009年第9期。

这发生于数百年前的历史剧目,首先有其特定的舞台。兹附上明代紫禁城相关宫苑示意图,作为参考:

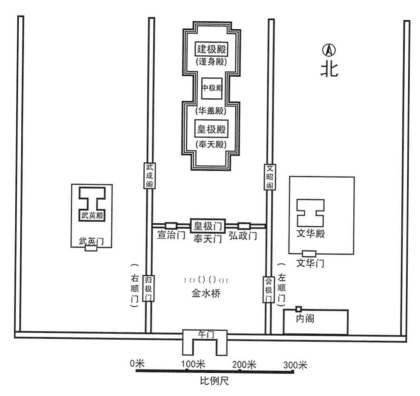

图2-1　明代北京宫城颁历相关示意图[1]

甲、前期:礼仪布置安排

礼仪之前,需要一系列准备工作,涉及尚宝司、教坊司、仪礼司

[1] 郑孝燮:《紫禁城布局规划浅探》,载单士元、于倬云主编:《中国紫禁城学会论文集》第1辑,北京:紫禁城出版社,1997年,第37页。

等部门。

尚宝司在奉天殿内设置御座。

礼与乐紧密关联,合称礼乐。教坊司设《中和乐》,全称《中和韶乐》,洪武间所定,为明清二代大乐,一般用于祭祀、朝会及宴飨。殿内乐队演奏人员有:"举麾奉銮一员、侍班韶舞一员、看节次色长二人、歌工十二人、乐工七十二人。"[1]所用乐器有:"麾一、箫十二、笙十二、排箫四、横笛十二、埙四、篪四、琴十、瑟四、编钟二、编磬二、应鼓二、柷一、敔一、抟拊二。"[2]次日仪式举行时,教坊司据相应乐章演奏。

某些情况下,乐队不奏,仅作为摆设。如成化二十三年(1487)十一月朔,孝宗颁《弘治元年大统历》时,就曾"乐设而不作,百官常服行礼"[3],这是因为宪宗在该年八月驾崩,朝廷在居丧期间不便作乐的缘故。

仪礼司,洪武三十年(1397)改为鸿胪寺,而明代诸政典照录旧文,皆沿用原名。颁历仪式中,鸿胪寺主要负责高声鸣赞,引导进历官,抬举历案,维持秩序等,所派属官颇多:

　　掌礼堂上官一员、传制堂上官一员、内赞鸣赞一员、对赞鸣赞一员、通赞鸣赞四员、东西传赞序班各三员、引进历上殿官序班二员、设历案并举案序班四员、扶案序班一员、东西引进历官序班各二员、引外夷人员通事序班八员;殿内、丹陛、丹墀,纠仪序班各二员;弘政门、宣治门、纠仪并催人序班各

[1]《(万历)大明会典》卷104《教坊司承应乐舞》,《续修四库全书》第791册,上海:上海古籍出版社,2003年,第68页。
[2]《明史》卷61《乐一》,北京:中华书局,1974年,第1506页。
[3]《明孝宗实录》卷6"成化二十三年十一月丙申"条,第97页。

二员;东西摆班序班各三员。[1]

仪礼司前期设历案共三处:历案设于奉天殿丹陛中道,待进历时钦天监正从上面取御览历;御历案设于奉天殿内,放置御览历用;百官历案设于丹陛之下,数目较多[2]。

乙、就位:官员各就其位

该日黎明前,朝臣须抵达午门外。刘麟《颁朔待漏》诗云:

> 一统车书又纪年,蜡灯烧夜对风烟。番番月令迎新候,剪剪春风向晓天。玉律总颁皇帝朔,金莲尝赐近臣筵。共期膏泽为民下,莫漫心煎感岁迁。[3]

百官清晨上朝,等待觐见天子,称为待漏。据诗推断,颁历之辰,文武官员各具朝服,五更时分抵达紫禁城外朝房待漏,盖如朝会例。

晨曦初开,鼓敲一下,朝臣们穿戴整齐,在午门外排班等候。鼓敲二下,就有引礼官引文武百官,包括钦天监进历官员,文左武右,从两掖门进入午门,又经弘正门、宣治门,入奉天门内,按职衔在御道东西侧排列,北向侍立。执事官,礼官如鸿胪寺,侍卫武官

---

[1]《(万历)大明会典》卷219《进历》,《续修四库全书》第792册,上海:上海古籍出版社,2003年,第593—594页。

[2]谈迁《北游录》记载清顺治二年(1645)十月朔日颁历仪式,提到有42张历案,可为参照。谈迁:《北游录》,"顺治二年十月朔颁历式"条,北京:中华书局,1960年,第357—358页。

[3]刘麟:《清惠集》卷2,《景印文渊阁四库全书》第1264册,上海:上海古籍出版社,1986年,第330页。

如金吾卫、锦衣卫等,当鼓敲三下时,他们须前往华盖殿朝见皇帝,行五拜三叩头礼,披甲带刀之人可免拜。

今本《明太祖实录》相较《诸司职掌》系统,语句顺序有所出入,这显然是前者在传抄过程中出现错乱。职守官员前往华盖殿,朝拜皇帝后,传制、受历、侍从等官员,随皇帝入奉天殿各就其位。

按照明朝礼制惯例,仪式举行时,一般会有御史负责"监礼纠仪",朝臣"若有失仪,听纠仪御史举劾",且"凡朝会行礼,敢有搀越班次、言语喧哗、有失礼仪,及不具服者",御史"随即纠问"。[1]

丙、升座:皇帝出场

鸿胪寺堂上官奏请升殿,于是导驾官为前导,皇帝穿皮弁服起身而行,出华盖殿,在众多随员簇拥下进入奉天殿。这时,教坊司奏《中和韶乐》,皇帝升座,扇开帘卷,乐止。其后,鸣鞭三响,宣告仪式正式开始,全场肃静。

丁、进历:钦天监正进呈御览历

引礼引进历官,当指钦天监诸官生,这些人本侍立于百官序列。引至拜位后,赞礼唱:"鞠躬。"乐起,诸官生皆四拜,平身,乐止。典仪唱:"进历。"引礼官遂引钦天监正,自东阶登上丹陛。乐起,待监正行至丹陛中道历案前,赞:"跪。"监正跪下,将所持笏插

---

[1]《(万历)大明会典》卷211《监礼纠仪》,《续修四库全书》第792册,上海:上海古籍出版社,2003年,第512页。

于腰带,取案上御览历,从奉天殿东门靠左进入殿中。此时,殿内赞唱:"跪。"监正跪下,殿外亦赞唱:"众官皆跪。"丹墀群臣皆跪下,乐止。监正置历于御览历案上,殿内赞唱道:"出笏。""俯伏、兴。"殿外亦赞唱:"俯伏、兴。"监正出笏后,又跪拜,平身。殿内赞唱:"复位。"引礼官引监正官由百官门出奉天殿。乐起,引礼官引监正下丹陛,至丹墀拜位,乐止。赞礼唱:"鞠躬。"乐起,监正携属下皆四拜,平身,乐止,退回百官序列。

奉天殿进呈御览历后,钦天监正仍须前往文华殿,向储君进献东宫历,仪式过程大致如前进呈御览历仪式:

> 钦天监官捧历于左顺门,候奉天殿礼毕,由文华殿左门入,于殿东门外西向立,候升座。鸿胪官赞四拜,导引钦天监正官升至文华殿外,搢笏,捧历由东门入,至殿中,赞:"跪。"赞:"进历。"监正官启:"钦天监进某年《大统历》。"启讫,置于案,出笏,俯伏,兴,仍导引出,至拜位,赞四拜、兴,退立侍班。候百官排班、行礼毕。[1]

《明实录》记载弘治朝皇太子进历事宜较详细,如:"弘治九年(1496)十一月甲辰朔,钦天监进《弘治十年(1497)大统历》,上御奉天殿受之,给赐文武群臣,颁行天下。钦天监官复诣文华殿,进历于皇太子。群臣行礼如仪。"[2]皇太子朱厚照生于弘治四年(1491),时年不过五六岁,就开始受钦天监进献东宫历了。

---

[1]《(万历)大明会典》卷103《东宫进历仪》,《续修四库全书》第791册,上海:上海古籍出版社,2003年,第62页。
[2]《明孝宗实录》卷119"弘治九年十一月甲辰"条,第2139页。

嘉靖十八年（1539）又规定，钦天监官捧东宫历至文华殿左门，由司礼监官进历，不再行礼。[1]

戊、举案：鸿胪寺官举百官历案

前期已置百官历案，位于丹陛下。

鸿胪寺官"设历案并举案序班四员、扶案序班一员"，现将其抬至丹墀中道，这是为颁赐百官历日做准备。[2]

己、排班：百官排班

鸣赞唱道："排班。"文武百官在御道两侧立候，排班整齐后，乐起，礼官赞："四拜。"百官皆四拜，平身后，乐止。

庚、传制：传制官传制颁历

奉天殿内，传制官至御前，跪下，奏请传制。获准后，传制官下拜，平身，由殿东门靠左出，至丹陛东侧，自东向西站立，称："有制。"赞礼唱："跪。"众官皆跪下。

这时，传制官高声宣制曰："钦天监进某年《大统历》，其赐百官，颁行天下！"赞礼唱："俯伏，兴。"乐作，礼官赞："四拜。"百官皆四拜。按照惯例，这时应该还有山呼万岁的场面。平身后，乐止。

---

[1]《（万历）大明会典》卷103《东宫进历仪》，《续修四库全书》第791册，上海：上海古籍出版社，2003年，第62页。

[2] 谈迁《北游录》记载清顺治二年（1645）十月朔日颁历仪式情形，提到每张历案由"各官一人，天文生一人，异役三人"负责，可为参考。谈迁：《北游录》，"顺治二年十月朔颁历式"条，北京：中华书局，1960年，第357—358页。

辛、颁历：颁赐百官历日

赞礼唱道："颁历。"

颁历官即取案上《大统历》，依次散发给百官。

壬、退场：皇帝、百官离场

百官历日发放完毕后，当有鸣鞭三下，宣告仪式结束。

乐起，皇帝起身而行，在导驾官引导下到华盖殿，其后百官依次离开紫禁城，乐止。

上述对"洪武定制"流程的探索，大致反映出仪式的基本情况。明代两百余年历史中，仪式举行时间、地点或有变化，却长期持续，贯穿其统治之始终。其时间变化，刘利平已总结出大致规律。[1]

地点变化，始于嘉靖十九年（1540）十月朔日，"钦天监进明年《大统历》，诏如上年例，于奉天门颁赐百官"。[2]奉天门廊内正中处设有御座，称为"金台"，朝臣在奉天门外参拜受历。其后颁历遵循此例，如嘉靖二十二年（1543）十月朔，"钦天监奏进明年《大统历》……奉天门颁赐，百官公服，行五拜礼"。[3]

及至嘉靖三十六年（1557）夏天，三大殿遭遇雷火，奉天门、文武楼、午门等处，也同时遭灾，外朝部分几乎被焚毁一空。嘉靖三十七年（1558），奉天门重建完成，更名曰大朝门。十月朔日颁历，"百官于大朝门行五拜三叩头礼"。[4]

---

[1] 刘利平：《明代钦天监进呈历时间考》，《史学集刊》2009年第3期。
[2]《明世宗实录》卷242"嘉靖十九年十月己未"条，第4883页。
[3]《明世宗实录》卷279"嘉靖二十二年十月壬申"条，第5431页。
[4]《明世宗实录》卷465"嘉靖三十七年十月甲辰"条，第7845页。

　　直到嘉靖四十一年(1562),朝廷才重修完成外朝部分,改奉天殿为皇极殿,原奉天门遂称为皇极门。世宗驾崩后,穆宗登基,恢复御殿颁历传统,如隆庆元年(1566)十月朔日,"钦天监进《二年大统历》,上御皇极殿受之,分赐文武群臣,颁行天下"[1]……

　　明神宗首次颁历,为隆庆六年(1572)十月朔日,"上御皇极门,颁《万历元年大统历》"。[2]而万历元年(1573)十月朔日,"上御皇极殿,颁大统历日"。[3]御殿颁历传统持续到万历中期,皇帝又改换位置,如万历二十二年(1594)十月朔,皇帝"[御]皇极门,给赐百官《二十三年大统历》,颁行天下"。[4]

　　万历二十五年(1597),紫禁城又遭大火,三大殿再度被焚,其修复,直到天启年间才彻底完成。在此期间,颁历仪一度改到文华殿或文华门进行。如万历二十八年(1600)十月朔日,"钦天监进《万历二十九年大统历》,于文华门给赐百官,颁行天下"。[5]天启年间,皇极殿修复完毕后,颁历才从文华门改回。

第四节　洪武时代之仪式变迁

　　礼仪是体现社会关系的重要表征。国家为了达到施政目的,在制订礼仪时,细致斟酌。仪式的特定步骤、人员举止,常有特定寓义。从元制到"洪武初制",再到"洪武定制",即反映出一些微

[1]《明穆宗实录》卷13"隆庆元年十月壬午"条,第347页。
[2]《明神宗实录》卷6"隆庆六年十月甲寅"条,第207页。
[3]《明神宗实录》卷18"万历元年十月戊申"条,第517页。
[4]《明神宗实录》卷278"万历二十二年十月乙巳"条,第5135页。
[5]《明神宗实录》卷352"万历二十八年十月辛未"条,第6587页。

妙变化。

元代进历之礼于大殿内举行,由太史院官向皇帝进呈。

"洪武初制"由刘基主持设计,较之元制,过程显得繁复。首先,在空间上有所拓展,其设奏案于丹墀之中,放置御览历。太史院使先置历于案上,并携属下官佐再拜,盖以此体现天文官员奉皇命制历完成,回复圣命。院使捧历进呈御前,亦遵特定方位,自东阶升上,从东门入,皆因时人以左为尊,而院使身负皇命,是故有此安排。仪式参与者人数众多,百官具朝服,陪班观礼,较之元制,更为显著地体现出皇权统治威仪。

"洪武定制",较之洪武初又颇有改易。二者流程的比较可示意如下:

预备→置历→进历→颁历

先期→就位→升座→进历→举案→排班→传制→颁历→退场

"洪武定制"的起始阶段,较之洪武初,扩展为前期、朝拜、升座三环节,当然,笔者所见同时代的多种礼仪亦包含有类似内容。盖因洪武末年,朝廷制定各项礼仪制度已成系统,颁历仪亦须遵循一些例行程序。

"洪武初制"布置陈设较为简单,并没有专门的历案,仅用奏案。及至"洪武定制",发展为多种:御览历案、历案、百官历案。器物的多样化、专门化,伴随着礼仪中人物具体行为的改易。"洪武定制"中,原先由太史院官捧历置奏案上的环节已取消,改为御览历事先已置案上。

较之洪武初,"洪武定制"各个步骤规定得更加全面、细致,这一点在人物进出奉天殿时多有体现。院使、监正取历进献皇帝时,皆由东阶升,从殿东门入,而"洪武定制"特别规定了"由殿东门靠东入",这里是洪武朝礼制的惯例,钦天监正身负皇命之尊的意义在此凸显。类似的情况,如传制过程,传制官"由殿东门靠东出,至丹陛东西向立",此种方位规定,亦属礼制惯例,因为传制官亦是身负皇命。至于钦天监正退场,出殿须从百官门行走,盖缘自进历任务完成之后,监正便与普通臣工身份无异,理应从朝臣路径退出奉天殿。

"进历"之后,当为颁历臣属,"洪武初制"叙述其过程较为简略,仅寥寥数字。"洪武定制"中,叙述又回到殿外,其具体流程,仍有举案、排班、传制等诸多环节,实为颁历之铺垫。借此可见,"洪武初制"之侧重方面,在于"进历"活动,而"洪武定制",实则以"进历"与"颁历"并重。

"进历"部分,着重于展演天文官员制历进呈。而"颁历"内容其实关乎更为广阔范畴的君臣之义,它一方面昭示皇权统治的神圣气氛,另一方面,对于臣属而言,历书又是实实在在的日用物品。皇帝颁历,臣属获历并谢赐,这一过程颇具亲近人际关系,联络情感之意,是君臣互动的重要体现形式。

第五节　颁历仪式与君臣互动

明代政典要求皇帝御殿颁历,而有些统治者如武宗[1]、世

---

[1]《明武宗实录》卷155"正德十二年十一月癸酉"条,第2977页。

宗[1]、神宗[2]，常不亲临。神宗怠政，不临早朝，亦无心于颁历之仪。

万历三十九年（1611）九月末，朝廷颁历前夕，内阁首辅叶向高上《请颁历御殿揭》。[3]因神宗年号万历，蕴含御宇久长、历数万年之意。[4]叶向高极力赞颂，称朝廷颁《万历四十年大统历》为旷古盛事，希望神宗能够前往文华殿颁历。当时，神宗已"深居静摄二十年"，而国家机器依旧运转，朝廷礼制，如颁历仪式，仍照常举行。因君臣隔绝多年，朝臣企盼借颁历之机，廷见皇帝，得以上下交通。事件的结局，是神宗传免，阁臣奏请终究未成。

借叶向高奏请事件，又可以引出一个问题——臣属希望借颁历之机与长期不临朝的皇帝会面，那么颁历仪式在彼时具有何种特殊意义？

皇帝怠政，颁历仪式不亲临，而在京官员却被要求到场。天启朝东林党言官以颁历不到为由，攻讦阁臣魏广微的例子，可为佐证。[5]

据沈德符《万历野获编》描述："正朔之颁……是日御殿，比于大朝会，一切士民虎拜于廷者，例俱得赐。"[6]《诗经》有"虎拜稽

---

[1]《明世宗实录》卷242"嘉靖十九年十月己未"条，第4883页；《明世宗实录》卷279"嘉靖二十二年十月壬申"条，第5431页。

[2]《明神宗实录》卷364"万历二十九年十月乙丑"条，第6783页；《明神宗实录》卷402"万历三十二年十月丁未"条，第7523页。

[3] 叶向高：《纶扉奏草》卷14《请颁历御殿揭》，《四库禁毁书丛刊·史部》第37册，北京：北京出版社，2000年，第111—112页。

[4] 早在万历二十九年（1601），明廷颁《万历三十年大统历》时，首辅沈一贯就曾上《颁三十年历贺揭帖》恭贺。沈一贯：《敬事草》卷10《颁三十年历贺揭帖》，《续修四库全书》第479册，上海：上海古籍出版社，2003年，第430—431页。

[5]《明熹宗实录》卷47"天启四年十月壬午"条，第2451页。

[6] 沈德符：《万历野获编》卷20《颁历》，北京：中华书局，1959年，第525页。

首,天子万年"之句,故后世称大臣朝拜天子为虎拜。[1]沈德符刻意提到"一切士民",表示仪式参与人员的范围远远超出了朝参官员。笔者发现,明代国子监生也会参加颁历仪式,如《国子监志》引《明太学志》记载:"每岁十月朔颁历,祭酒率属官及诸生具公服赴奉天门祗受,行五拜三叩头礼。"[2]嘉靖二十一年(1542)十月朔日,"国子诸生受历不均,争于陛前,喧竞违礼",[3]这让朝廷颜面无光,皇帝大怒,将涉事监生十三人除名。[4]

朝鲜使者郑士龙也曾经参加过颁历盛典,他提及自己在场站立位置,"班在僧官、道士之后"[5],可见仪式参与者包括僧、道上层人士。

颁历仪式上,人员庞杂,还出现过百姓借机请求昭雪伸冤的突发事件。如《明神宗实录》记载万历四十七年(1619)十月朔日事:

> 先是,房山县人陈槐于万寿圣节向午门前声冤……至是,复因颁历,于文华门声冤……[6]

又据文秉《烈皇小识》述崇祯朝事:

---

[1] 马世奇《壬申(1632)十月朔上御殿颁历》"十二凤鸣传月令,三千虎拜奉王正",也用此典故。马世奇:《澹宁居诗集》卷上《壬申十月朔上御殿颁历》,《四库禁毁书丛刊·集部》第113册,北京:北京出版社,2000年,第350页。
[2] 《钦定国子监志》卷43,北京:北京古籍出版社,2000年,第687页。
[3] 沈德符:《万历野获编》卷20《颁历》,北京:中华书局,1959年,第525页。
[4] 《明世宗实录》卷267"嘉靖二十一年十月丁丑"条,第5275页。
[5] [朝鲜]郑士龙:《湖阴杂稿》卷2《朝谒》,《韩国文集中的明代史料》第2册,桂林:广西师范大学出版社,2006年,第467页。
[6] 《明神宗实录》卷587"万历四十七年十月庚戌"条,第11239页。

十月之朔，上御殿颁历，忽有声冤自刭于丹墀者。究竟之，乃民间词讼事。其人刭而不死，上命刑部提问其事……[1]

大庭广众之下，部分士民突行冒险举动，希望引起上层统治的注意。而从另一侧面，今人可以通过参与者的多元成分，进一步理解仪式的性质。

显然，由于场地因素，颁历仪式不可能对所有民众开放。但颁历授时的神圣场合，朝廷为何允许部分普通士民参与其事，以至于有闲杂人等借机混入紫禁城，扰乱秩序？

皇帝贵为天子，身居九重之内。宫禁森严，固然体现出皇权权威的神圣不可侵犯，却也导致上下隔绝，交通不畅。君臣之间的礼仪活动，可以增进臣属对皇权统治的认同，强化其群体归属感。帝王颁历授时，即是"皇恩浩荡"的有效体现方式。臣属们参与每年一度的颁历盛典，所著诗文中常常对这种荣遇感恩戴德。如皇甫汸《侍朝颁历和吕兵曹》："自是玉衡悬象纬，赐来金殿倍恩光。"[2]亢思谦《孟冬朔日恭遇颁历有作》："叨沐恩波惭报称，万年天保祝鸿厘。"[3]文彭《颁历》："颁朔从来传盛事，覃恩何幸及微臣。"[4]面对皇帝的"优遇恩宠"，臣属亦表示竭诚回报，如王祖嫡《颁历》：

[1] 文秉：《烈皇小识》卷2，上海：上海书店，1982年，第41页。
[2] 皇甫汸：《皇甫司勋集》卷25《侍朝颁历和吕兵曹》，《景印文渊阁四库全书》第1275册，台北：台湾商务印书馆，1986年，第644页。
[3] 亢思谦：《慎修堂集》卷2《孟冬朔日恭遇颁历有作》，《四库未收书辑刊》第5辑第21册，北京：北京出版社，1997年，第42—43页。
[4] 文彭：《文氏家藏诗集·文博士诗集》卷下《颁历》，《北京图书馆古籍珍本丛刊》第115册，北京：书目文献出版社，1998年，第334页。

"感时何以报？犬马竭余年。"[1]

　　颁历仪式恩泽广施，进一步惠及普通士民，影响范围大大扩展。中国古代礼制系统中，礼分五种：吉、嘉、宾、军、凶。颁历之礼，可以归入五礼中之嘉礼。《周礼》谓"以嘉礼亲万民"，颁历仪式的多元受众，正可以体现出这一特色。

　　明代部分士绅参与若干朝廷典礼仪式，是一种国家行为。[2]皇权权威影响普及到社会基层，这是维护、巩固朝廷统治地位的重要环节。士绅前往紫禁城观礼，体验皇权的神圣气氛，深受隆重场景的感召。身为皇帝的子民，他们随朝参官员一同俯伏跪拜，山呼万岁，履行君臣之义。回到民间后，他们可以成为忠君报国思想的有力倡导者，发挥出示范效应。

本章小结及余论

　　明代以前，天文官员实际上只在岁末"进历"，真正意义上的颁历仪式，形成于洪武一朝。明太祖统治时期，先后两次确定进历、颁历礼仪——"洪武初制""洪武定制"，富有深意。

　　进历礼仪发展至元代，在天文官员进呈御用历之后，皇帝才将之颁给诸王级别的少数亲贵。待到明"洪武初制"，进历之后，开始普遍颁给各级臣工。"洪武初制"建于开国之际，诸事草就，而"洪武定制"创制之时，天下大定，明廷各项礼仪制度臻于完备而

---

[1] 王祖嫡：《师竹堂集》卷4《颁历》，《四库未收书辑刊》第5辑第23册，北京：北京出版社，1997年，61—62页。

[2] 明代部分士绅参与早朝的传统，始于洪武时代。一些耆老、人才、学官、儒者奉召而来，随朝观政。将官子弟年纪稍长者，也随班朝参，观习礼仪。当时四方来者众多，早朝的场面极为壮观。参见：胡丹《明代早朝述论》，《史学月刊》2009年第9期。

成系统。前者侧重于"进历",而后者在"进历"之举结束后,进一步开发了"颁历"诸环节。仪式的结构,与其功能息息相关。概而言之,统治者对仪式的颁历部分愈加重视,这种对"恩赐"环节的强化,凸显出君臣之间的互动。

朝廷颁历过程中的君臣互动关系,古已有之。自南朝以来,开始出现谢历日表这种特殊文体,即皇帝赐历,臣工上表谢恩。及至唐代,皇帝还常常将历日与年关日用品,如钟馗、面脂、口脂、面药等物同时赐下,如张说《谢赐钟馗及历日表》、刘禹锡《为李中丞谢赐钟馗历日表》《为淮南杜相公谢赐历日面脂口脂表》、邵说《谢赐新历日及口脂面药等表》等。有宋一代,谢历日表文体发展达到鼎盛。

然而,皇帝特赐历日的对象有限,君臣之间"赐物—谢表"的小范围往来,毕竟同众人隆重参与的颁历仪式之规模效应不可同日而语。明代之颁历仪式恩泽广施,甚至允许部分普通士民参加,影响范围大大扩展。明朝立国以来,举行颁历盛典两百余年,君臣参与其间,为彰显朝廷权威、维系统治秩序发挥了重要作用。颁历仪式已成为明代政治生活中一个重要组成部分。

第三章
明代颁历分级制度

　　中国长期以来就是一个等级森严的社会，统治阶层制定各种礼制，要求不同阶层的人士按照其身份地位遵守特定的行为规范、生活用度等。"颁正朔"为中国古代礼仪文明之重要传统，在此过程中也存在着等级制度，即朝廷针对不同社会阶层，颁以不同等级的历日。

　　明代颁历分级制度，定于洪武末年，主要是指颁赐给臣民两种大统历日：亲藩阶层用的王历、普通官民用的民历。

　　存世历日可为今人考察古代颁历制度提供实物见证，本章首先从明代大统历日中鉴别出王历与民历，并考察其形制特征之异同；然后以《大统历》历注问题为切入点，探讨这种颁历分级制度之社会意义；最后探讨颁历分级制度的变迁，主要涉及颁赐王府历日方式之演变、王历受赐范围之扩张等问题。

第一节　明代的王历与民历

一、大统历日种类考

　　周绍良先生收藏明代大统历日最为丰富，20世纪80年代，他曾撰文对藏本形制及明《大统历》颁行情况作过简略介绍。[1]90年代，周氏将所藏历日五十余册捐赠给北京图书馆。近年来，北京图书馆出版社影印出版了《国家图书馆藏明代大统历日汇编》[2]，收大统历日一百零五册，为历日研究提供了资料便利。

周绍良提到所藏历日有两种版本：

> 从所藏各本形审之，共有两种，一种当每月一页，此种当是供一般人日常所用；另一种每半月一页，在这些本《大统历》书中共有四册，内容与前一种全同。何以有此区别，尚不得知。[3]

按图索骥，检《汇编》所收明代大统历日，果有两种版本。两种历日形制较为固定，直观而言，每月一页者九十八册，历本原十七页、有闰之年十八页[4]，日期、历注字体较小；每半月一页者

---

[1] 学界对早期历日实物的研究，已取得了丰硕成果，使本书的工作有了坚实基础，此处不一一赘述，周绍良先生对明代大统历日形制及其颁行情况有过简略介绍，这成为本书的出发点，参见氏著：《明〈大统历〉》，《文博》1985年第6期。

[2] 北京图书馆古籍影印室编：《国家图书馆藏明代大统历日汇编》，北京：北京图书馆出版社，2007年。

[3] 周绍良：《明〈大统历〉》，《文博》1985年第6期，第43页。大统历日为包背装，页面文字那一面向外，背对背地折起来，再装订，而《汇编》采用32开本，因此原历本的一页（叶）今人分作两页影印。

[4] 页数以古籍原页计：封面，一页，印有历日名称（没有岁次干支）、钦天监防伪戳等，盖有钦天监历日印；月份节气，一页，起首印有历日全称（有岁次干支），盖有钦天监历日印；"年神方位之图"，一页；月、日编排，每月一页，共十二页、闰年十三页；"纪年"、宜忌诸日及钦天监官职名等，为最后两页。加起来一起十七页，闰年十八页。

七册,历本原二十九页、有闰之年三十一页[1],日期、历注字体较大,其年份分别为嘉靖十年、十一年,万历十二年、十六年、四十一年、四十四年、四十五年。又嘉靖十一年、万历四十四年二年历日,两种版本在《汇编》中皆有收录,则其当为明廷同时颁行。笔者选取万历四十四年两种历日之正月前半页图像,对比如下:

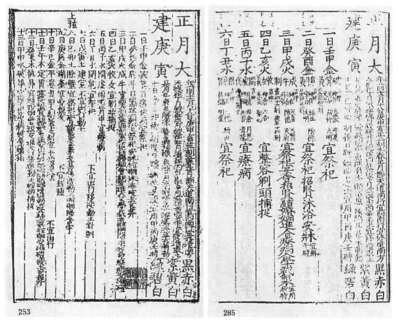

图3-1　万历四十四年两种历日正月前半页对比图

[1] 页数以古籍原页计:封面,一页,印有历日名称、钦天监防伪戳等;月份节气,一页,起首印有历日全称;"年神方位之图",一页;月、日编排,每月有二页,共二十四页、有闰之年二十六页;"纪年"、宜忌诸日及历日全称(有岁次干支),为最后两页。加起来一起二十九页,闰年三十一页。此种与前者的页数差异,缘自每个月份都由一页变成了两页,17+12=29,闰年18+13=31。

直观而言,两种历日最为显著的差别是日期、历注的字体,姑称前者为小字历,后者为大字历。[1]

经过初步比较两种历日内容,笔者发现二者并非如周氏所云全同。以下将其内容各项[2]依次列出,对比异同[3],成表3-1:

表3-1　小字历与大字历内容对比表

内容	小　字　历	大　字　历	异同
历首大统历全称	大统历全称(岁次干支)	大统历全称(岁次干支)	同
月大小及朔日干支、节气	月大小及朔日干支、节气	月大小及朔日干支、合朔时刻、节气	异
年神方位图	太岁干支、五行纳音、岁德、岁德合、几日得辛、几龙治水、年神九宫方位图	太岁干支、五行纳音、岁德、岁德合、几日得辛、几龙治水、年神九宫方位图	同

[1]周氏所藏《大明万历四十四年岁次丙辰大统历》中附有该年《五星伏见目录》,周氏查《明史·历志》,未见记载《五星伏见目录》,以为《明史》有所遗漏,参见氏著:《明〈大统历〉》,《文博》,1985年第6期。今案,周氏所论《五星伏见目录》,实际上"目录"仅一页,其后还有四个月"七政躔度"内容,这些应属明代《七政躔度历》残卷。所见明刻本《大明嘉靖十年岁次辛卯七政躔度》由三部分组成,《大明嘉靖十年岁次辛卯五星伏见目录》一页、诸月"七政躔度"、《辛卯岁四余躔度》。参见薄树人:《〈大明嘉靖十年岁次辛卯七政躔度〉提要》,及明刻本《大明嘉靖十年岁次辛卯七政躔度》,收入薄树人主编:《中国科学技术典籍通汇·天文卷》第1册,河南教育出版社,1997年,第707—715页。

[2]明清历书形制较近,对中诸项的具体名称的了解,可以参见姚元之:《竹叶亭杂记》卷11,北京:中华书局,1982年,第8—9页;以及《(光绪)大清会典》卷77《钦天监》,《续修四库全书》第794册,上海:上海古籍出版社,2003年,第718页。

[3]《汇编》中所见小字历的标题页,印有该年历日名称、钦天监防伪戳,且盖有钦天监历日印;有些小字历标题页缺失,后人补上,故写有该年历日名称。大字历带有完整封面者,仅嘉靖十年本,可见该年历日名称、钦天监防伪戳;嘉靖十一年本封面仅写有该年历日名称,此当为后人所另加。

内容	小 字 历	大 字 历	异同
月大小建干支及下注	交节日时刻、天道、天德、月厌、月煞、月德、月合、月空诸神所宜方向及每月六候、日躔宫次、月九宫	交节日时刻、天道、天德、月厌、月煞、月德、月合、月空诸神所宜方向及每月六候、日躔宫次、月九宫	同
每日历注	日上标注：弦望日、伏社日、盈虚日；日下标注：干支、纳音、建除、纪宿、节气、昼夜时刻、土王用事日、用事（宜忌）	日上标注：弦望日；日下标注：干支、纳音、建除、纪宿、宝义制专伐；吉神、节气、昼夜时刻、土王用事日、用事（宜忌）	异
纪年男女九宫	纪年男女九宫，下列宜忌诸日	纪年男女九宫，下列宜忌诸日	同
嫁娶周堂图、五姓修宅	嫁娶周堂图、五姓修宅	嫁娶周堂图	异
监官衔名	监官衔名		异
历尾大统历全称		大统历全称（岁次干支）	异

综合上表之比较，可知小字历、大字历之异主要体现在四个方面：

1. 大字历首页每月朔日下标有合朔时刻，此小字历无；

2. 每日历注，小字历每日上标注伏、社、盈、虚日，此大字历无，而大字历每日下标注宝义制专伐、吉神，此小字历无；

3. 小字历之末有五姓修宅，大字历无；

4. 小字历之末附有钦天监官衔名，大字历无。

传统历日除授时提供月、日时间编排之外，每日之下还注有选择活动的用事吉凶宜忌，供人们参考使用。通过进一步比较嘉靖十一年、万历四十四年的两种历日,笔者发现虽然同年历日月、日编排一致,然每日之下所注选择活动不尽相同。现选取此二年小字历、大字历每月朔日,录其选择活动对比如下,成表3-2:

通过上表对比选择活动,可见二者有相同之处,亦各有侧重。此种情形,可尝试寻索明代政典中关于历注的规定,据《(正德)明会典》载,明太祖朱元璋于洪武二十九年(1396)"钦定历注",令后世"永为遵守"。[1]其中"上历,注三十事,东宫、亲王历同",具体内容为:

> 祭祀(祈福)、施恩封拜(覃恩、行赏、赏劳、受封、封爵、封册、拜官、庆赐、肆赦)、上册进表章、颁诏、冠带(注时坐向方位)、行幸(注时)、宴会、招贤、出师(注时出某方位、选将训兵、安抚边境)、遣使、结婚姻、嫁娶(注时)、进人口(注时纳奴婢)、沐浴、整容、剃头、整手足甲、疗病(求医针刺)、入学(注时)、安床(注时)、裁制(注时)、兴造动土竖柱上梁(注时)、缮城郭、开渠穿井、扫舍宇、般移(注时)、栽种、牧养、捕捉、畋猎。[2]

相应地,还有"民历,注三十二事",其具体内容有:

> 祭祀(求嗣、求福、解除)、上表章、上官(注时、赴任、临政

[1]《(正德)明会典》卷176《钦天监》,《景印文渊阁四库全书》第618册,台北:台湾商务印书馆,1986年,第720页。

[2]《(正德)明会典》卷176《钦天监》,《景印文渊阁四库全书》第618册,台北:台湾商务印书馆,1986年,第721页。

表3-2　小字历与大字历历注中选择活动对比表

日期	小字历(嘉靖十一年)	大字历(嘉靖十一年)	小字历(万历四十四年)	大字历(万历四十四年)
正月朔	宜祭祀、结婚姻、会亲友、进人口(宜用卯时)、开市交易、安碓硙		宜祭祀	宜祭祀
二月朔	宜祭祀、会亲友	宜祭祀、宴会	宜立券、交易、破土安葬；不宜移徙、针刺	不宜般徙、针刺
三月朔	宜祭祀、破屋坏垣	宜祭祀	宜祭祀、平治道途	宜祭祀
四月朔	宜祭祀、结婚姻、会亲友、出行、入学(宜用卯时)、立券、交易、栽种、牧养	宜祭祀、行幸、宴会、招贤、遣使、结婚姻、入学(宜用卯时)、栽种、牧养	宜会亲友、安床(宜用卯时)、沐浴	宜施恩封拜、宴会、招贤、沐浴、安床(宜用卯时)
五月朔	宜移徙(宜用辰时)、纳财、经络、开市、沐浴、栽种、牧养	宜施恩封拜、沐浴、般移(宜用辰时)、栽种、牧养	不宜出行、移徙、动土	不宜起幸、般移、动土
六月朔		宜行幸、宴会、遣使、结婚姻、进人口(宜用辰时)、造动土、牧养	宜上表章、修造动土(宜用卯时)、捕捉、破土、启攒；不宜移徙	宜上册、进表章、兴造动土(宜用辰时)、捕捉
七月朔	宜祭祀；不宜出行、栽种、针刺	宜祭祀	宜进人口(宜用辰时)、捕捉	

（续表）

日期	小字历（嘉靖十一年）	大字历（嘉靖十一年）	小字历（万历四十四年）	大字历（万历四十四年）
八月朔	宜平治道途；不宜出行	不宜行幸	宜出行、移徙（宜用午时）、经络、开市、沐浴	
九月朔	宜祭祀、上官、结婚姻、会亲友、交易、纳财、剃头、修造动土竖柱上梁（宜用午时）、栽种、牧养	宜祭祀、宴会、结婚姻、整容、剃头、造动土竖柱上梁（宜用午时）、牧养	宜结婚姻、进人口、安床、修造动土（宜用午时）；不宜针刺	
十月朔	宜出行（宜用辰时）；不宜动土、针刺	宜施恩封拜、行幸（宜用辰时）	不宜裁种、针刺	不宜栽种、针刺
十一月朔	宜祭祀；不宜出行	宜祭祀	宜祭祀、结婚姻、会亲友、进人口、冠带（宜用辰时坐向正北）、造动土竖柱上梁（宜用辰时）、安碓硙、牧养	宜祭祀、冠带（宜用辰时坐向正北）、进人口、结婚姻、裁制、兴造动土竖柱上梁（宜用辰时）、牧养
十二月朔	宜祭祀、结婚姻、移徙、入学、纳财（宜用辰时）、土竖柱上梁、开渠穿井、安碓硙、栽种、牧养	宜祭祀、宴会、结婚姻、入学、一般移徙、兴造动土竖柱上梁（宜用辰时）、牧养、栽种、裁种	宜祭祀、沐浴、安碓硙、破土安葬	宜祭祀、沐浴

亲民)、结婚姻、嫁娶(注时)、冠带(注时坐向方位)、会亲友、
出行、入学(注时)、进人口(注时)、安床(注时)、裁制(注时)、
纳财、交易、开市、经络、沐浴、剃头、疗病、开渠穿井、修造动土
竖柱上梁(注时)、动土安葬、移徙(注时)、扫舍宇、安碓硙、栽
种、牧养、伐木、捕捉、畋猎、平治道途、破屋坏垣。[1]

经比照,可判定小字历、大字历中之选择活动分别与民历历注
三十二事、上历历注三十事相对应,即便历注中某些说法偶有出
入,其意义亦相同,如万历四十四年小字历,六月朔宜"启攒",犹
指出葬,即民历历注"动土安葬",十二月朔宜"破土安葬"亦同。

所谓民历,顾名思义,为民间日常检用之历,则小字历应属此
性质。上历,"上"字当指皇帝,为明帝御用大统历日。前文已经
提到与上历历注相同者,还有东宫历、亲王历。

其实,明代大统历日不止上述几种。据《(正德)明会典》载,
太皇太后、皇太后、皇后等,钦天监皆进有专用之历[2]。又据同书描
述明代诸历形制曰:"凡进用诸历,俱以红黑字分辨,并各有尺寸裁
造。亲王诸历及民历,亦各依式裁造,其黄、蓝绫绢及黄纸裹造者,
俱有定式。"[3]虽不甚详,然已可知明钦天监进呈大内诸历,字体使
用红、黑两种颜色分辨。

周绍良曾称,明代大统历日"印刷颜色一般俱墨印,比较少见

[1]《(正德)明会典》卷176《钦天监》,《景印文渊阁四库全书》第618册,台北:
　　台湾商务印书馆,1986年,第721页。
[2]《(正德)明会典》卷176《钦天监》,《景印文渊阁四库全书》第618册,台北:
　　台湾商务印书馆,1986年,第720页。
[3]《(正德)明会典》卷176《钦天监》,《景印文渊阁四库全书》第618册,台北:
　　台湾商务印书馆,1986年,第720页。

者为蓝印本,据说尚有朱印本云。"[1]实际上,存世大统历日多为墨印本,偶有蓝印本,仍没有见到朱印本。

姚元之《竹叶亭杂记》曾对清代御用时宪书形制有过详细描述,且将之与颁行民间时宪书进行对比,今抄录如下,作为疏证:

御用时宪书,写本,名曰"上书"。首页节气,次页次年神方位,三页列六十花甲子,四页列六合,末二页纪年,与外本同。每日于五行下注明阴阳,于除危后添注"宝""义""专""制""伐"五字,五行生克之谓也。上生下为宝,如甲午木生火。下生上为义,如辛丑土生金。上下同官为专,如戊戌同属土。上克下为制,如庚寅金克木。下克上为伐,如壬辰土克水之类。其义不过阴阳刚柔之理耳,于用事宜忌无关。又每日但注吉神,不注恶煞。每日宜忌及款识俱与颁行本不同。

……

书高一尺二寸,宽约七寸。每四页为一月,每日分四层。写阴阳字用朱书。吉神一层全用朱书,每日推其所应有之吉神注之。五日注候,半月注气,一月注节。"节气候"三字朱书,某节、某气亦朱书,墨注某时某刻,其某候则墨书。如其日应注日出、日入时刻,则朱书于吉神之后,分作两行。又墨书昼若干刻、夜若干刻于日出、日入之后,分作两行。若是日应书躔及某将,亦注于吉神之后。朱书此日二字,下云:某时某刻日躔,某某在某宫为某月将,"某月将"三字复朱书。其每

---

[1] 周绍良:《明〈大统历〉》,《文博》1985年第6期。

日所宜,"宜"字朱书。其宜用何时,亦双行注于下,与颁行本同,但朱书耳;其日不宜者,亦注明不宜某某,"不宜"字则墨书矣。但其日注宜则不注不宜,注不宜则不注宜,宜与不宜不同日注也。遇上下弦,则书于上格日辰之右。朱书"上弦"及"下弦"二字,墨注时刻。遇日干与皇上景命同者,则亦朱书。[1]

据姚氏所述,可知清帝御用时宪书与前文所述大字历形制有相同之处,如吉神、宝义制专伐等项。御用时宪书为特制缮写本,以朱字、墨字书写某些特定内容,似可依此例参考,对明代钦天监进呈大内诸历情形有个大致了解。

崇祯帝登基之初,因历日"更换年号未能即完",不及进历颁行,故皇帝"准改于十一月初一日行,其御览、进内日用,刻印不必写册,以省公费"[2]。钦天监进呈大内诸历,此时以刻印本替代写本,这种情形,恰能说明其惯例是用写本的。

国家图书馆古籍善本信息中,没有写本大统历日。另外,若古籍中同时有黑字、红字,对应的黑白影印件俱显示为黑色,而原先的红字会显得淡一些。笔者审查《汇编》中这七册大字历,字体墨色似无浓淡之别——它们是单色字。在排除掉内廷用历之后,可以推测大字历是亲王用历。亲王用历又称王历,明廷后来还颁赐王历给藩属国王。《(正德)明会典》载:"如琉球、占城等外国,正统以前,俱因朝贡,每国给予王历一本、民历十本;今常给者,惟朝鲜

[1] 姚元之:《竹叶亭杂记》卷1,北京:中华书局,1982年,第8—9页。
[2] 金日升辑:《颂天胪笔》卷2《节用》,《四库禁毁书丛刊·史部》第5册,北京:北京出版社,2000年,第384页。

国,王历一本、民历一百本。"[1]可见明代中华朝贡体系中朝鲜国之特殊地位。

二、王历实物附考

据朝鲜《李朝实录》记载,永乐三年(1405),朝鲜国收到明廷礼部咨文曰:"今颁永乐三年大统历日一百本,内黄绫面一本。"[2]永乐六年(1408),又赐给朝鲜"永乐六年大统历日一百本,黄绫面一本"[3],则王历封面应裹以黄色丝织品。这种情形,可与前引《(正德)明会典》介绍亲王诸历与民历之区别"其黄、蓝绫绢及黄纸裹造者,俱有定式"相互印证,盖明廷以此标识使用者等级之分。

1988年,福建省南平市出土了明代绢质《大明嘉靖三十九年大统历》封面,据考古报告称丝绢为黄色。[4]以下取《文物》杂志所刊丝绢摹本:左侧框内印有宋体"大明嘉靖三十九年大统历"字样,为该年历日名称,右侧框内小字部分"钦天监奏准印造大

绢质《大统历》封面文字部分摹本
(虚线表示钤印痕迹)

图3-2 《文物》杂志所刊丝绢摹本图

[1]《(正德)明会典》卷176《钦天监》,《景印文渊阁四库全书》第618册,台北:台湾商务印书馆,1986年,第720页。
[2]《李朝太宗实录》卷9"太宗五年(永乐三年)三月壬子"条,东京:日本学习院大学东洋文化研究所,1954年,第530页。
[3]《李朝太宗实录》卷15"太宗八年(永乐六年)二月丙戌"条,第192—193页。
[4]张文崟:《福建南平发现明代绢质〈大统历〉封面》,《文物》1989年第12期。

统历日颁行天下,伪造者依律处斩！有能告捕者当给赏银伍拾两,如无本监印信,即同私历"云云,实为钦天监防伪戳内容,封面所盖朱红方钤印迹,乃是钦天监历日印。从封面丝绢材质可以推断,此当属嘉靖三十九年(1560)王历,据上图可对王历封面形制有个大致认识。

台北"国家图书馆"藏明代大统历日约五十册,现可网络访问"古籍影像检索系统"一睹历日首页之貌。笔者发现有两件馆藏历日形制与众不同,分别为明代钦天监刊本《大明崇祯二年(1629)岁次己巳大统历》《大明崇祯十二年(1639)岁次己卯大统历》。今自网络下载图像,并列如下[1]:

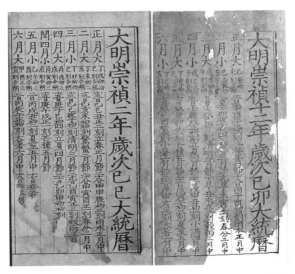

图3-3　《大明崇祯二年大统历》及《大明崇祯十二年大统历》首页对照图

---

[1] 访问台北国家图书馆网站之"古籍影像检索系统",可以查询《大明崇祯二年岁次己巳大统历》《大明崇祯十二年岁次己卯大统历》相关信息。

据上图可见，二件历日首页每月朔日干支之下，俱标注有合朔时刻，此特征与王历合，故可判定为王历。

关于王历的辨定，是一个开放性的题目，更多的实物还有待进一步发掘。

三、中历考

明代中后期的历史文献中，有时见到某种历书被称为"中历"。[1]明朝政典并未介绍中历性质，故有必要对其加以澄清。

依笔者所见，中历之名称最早出现在成化九年（1473）：

> 掌内灵台事内官监左监丞苏奇奏："成化九年中历后'上朔日'该注丁巳，而钦天监司历陈旸误作辛巳。"事下礼部，劾（陈）旸并（钦天监）监副田蓁等俱当究治。[2]

据此可知，每年编制中历为钦天监之要务，故有内官对此事进行监督。案传统选择术中，以"上朔日"为不吉日，《汇编》中所见民历、王历之末，皆注有"上朔日"干支，以避该日会客、作乐等事，则中历之选择术性质应与《大统历》系统诸历相类。

明廷每年颁赐中历给诸王，如陆钱《病逸漫记》曰：

> 国朝钦天监每年二月初一日进历样，十一月朔颁大统历

---

[1] 这里的中历，特指的是某种历书。明末清初，西方天文学东传，人们提到"中历"，有时候是与"西历"相对应，是不同的概念。

[2]《明宪宗实录》卷112"成化九年正月戊午"条，第2180页。

于百官。进内有上位历、七政历、月令历、(士)〔壬〕遁历……
又赐诸王有中历。[1]

皇甫录《皇明纪略》亦有类似记载[2]。上位历,即御用大统历,至于
《七政历》《月令历》《壬遁历》,皆可见诸《会典》。中历虽不见于
明朝政典记载,却与诸王有着紧密联系。

又如夏浚有云:"我高皇帝继天立极,治历明时,凡中历注三十
事,民历注三十二事。"[3]据此可知,中历亦有历注,注三十事,可与
上历、王历等对应。

清初谈迁《北游录》记载有清顺治二年(1645)十月朔颁历
式,亦可为中历性质之左证。此次颁赐各旗之历有"满洲中历、
民历、七政,蒙古,汉中历、民历、七政",即有满、蒙、汉三种文字
之中历、民历、七政历。谈迁又记载颁赐诸侯历为:"怀顺王、恭
顺王、平西王、高丽王,各汉中历、七政绵历一本、民历百本。"[4]
清初承明朝故例,朝鲜国王享受亲王待遇,每年受王历一本,
民历百本,且诸汉人降将皆受封亲王[5],其受颁中历情形亦可
参照。

综合上述信息:一、中历非民历,其后注有"上朔日",可以
与存世王历实物对应;二、中历注三十事,属上历、王历系统;

---

[1]陆釴:《病逸漫记》,北京:中华书局,1985年,第1页。

[2]皇甫录:《皇明纪略》,北京:中华书局,1985年,第43页。

[3]夏浚:《月川类草》卷5《刻〈发微历正通书〉序》,《北京图书馆古籍珍本丛
    刊》第107册,北京:书目文献出版社,1988年,第784页。

[4]谈迁:《北游录》,"顺治二年十月朔颁历式"条,北京:中华书局,1960年,第
    357—358页。

[5]诸王受颁民历百本,盖由其再分发下属使用。

三、中历受颁者为明亲藩、藩属国王。笔者认为,中历即为王历之
别称。

第二节　从历注变迁看颁历
分级制度之意义

据上文考察,知明代颁行历日有王历、民历等级之分,则明
廷施行此种制度的意义,乃至相关之社会政治氛围,实值得深入
探讨。

一、元明之际历注演进考

明代《大统历》系统中,不说上历,王历就与民历差异甚
多,《会典》记载历注制度极为详尽,可以说明在时人心目中,
选择活动是反映上历、王历与民历特征的最关键信息,故修纂
《会典》时有此种过滤筛选。为了认识洪武二十九年钦定《大
统历》历注制度的意义,须对此前历注发展演进之过程加以
厘清。

明清历日之内容及形制与唐宋时差别较大,这种转型创于元
代《授时历》。[1]据元人述其朝代颁历制度曰:"太史院以冬至日
进历,上位、储皇、三宫、省院、台、百司、六部、府寺监并进。历有四
等,国(子)[字]历、畏吾儿字历、回回历并上进。上位自有光白厚
纸、用彩色画成诸相属、拜郊祀、除宰辅军政之历,非授时之历也。

---

[1] 张培瑜:《黑城新出土天文历法文书残页的几点附记》,《文物》1988年第
4期。

内庭之历,非士庶可详,姑识其闻见耳。"[1]以此可知元廷所颁之历分四等,即汉字《授时历》、蒙古字历、畏吾儿字历、回回历,盖其颁历以种族、文字进行区分。[2]近年来出土的元末授时历日残片中,其历注内选择活动可辨识者,有"祭祀、上官赴[任]、破屋[坏垣]、解除、沐浴、收敛货财、捕捉、畋猎、袭爵、受封、临政亲民、治病、求嗣、出行、立券、安宅舍、会宾"等事项。[3]

明朝开国之初的大统历日虽已不存世,但其部分信息仍可见诸明人记述,姑举数例,作为参考。如郎瑛曰:"国初历,其式与今不同,有袭爵、受封、祭祀、祈福、求医治病、乘船渡水、登高履险、收敛货财等件。"[4]顾起元因袭郎瑛之记载。[5]田艺蘅的说法亦大体相同,其谓:"国初历,有袭爵、受封、祈福、求医、乘船渡水、登高履险、收敛货财等名。"[6]

以下将《大统历》历注制度中诸选择活动按其性质进行分类[7],并取元末《授时历》残片、明初历日相应事项与之对比,成表3-3:

[1]熊梦祥著,北京图书馆善本组辑:《析津志辑佚·岁纪》,北京:北京古籍出版社,1983年,第212页。

[2]元廷颁历民间实行国家专卖制度,天历元年(1328),共出售大历二百二十余万册,小历九十余万册,回回历五千余册,每本价格分别中统钞1两、1钱、1两,盖大历为全本具注历日,小历为简本。参见:《元史》卷94《额外课》,北京:中华书局,1976年,第2404页。

[3]邓文宽:《莫高窟北区出土〈元至正二十八年戊申岁(1368)具注历日〉残页考》,《敦煌研究》2006年第2期。上官赴[任]、破屋[坏垣],皆据明代大统历日历注补。

[4]郎瑛:《七修类稿》卷2《历书沿革》,北京:中华书局,1959年,第51页。

[5]顾起元:《客座赘语》卷1《国初历式》,北京:中华书局,1987年,第32页。

[6]田艺蘅:《留青日札》卷12,上海:上海古籍出版社,1985年,第411—412页。

[7]关于诸选择活动的分类,笔者借鉴了法国学者华澜对敦煌历日中选择活动的处理,略有变动。[法]华澜(Alain Arrault)著,李国强译:《敦煌历日探研》,《出土文献研究》第7辑,上海:上海古籍出版社,2005年,第228—230页。

表3-3　元明之际历注分类对比表

分类	《授时历》残片	明初历	上历、王历	民　历
仪式	祭祀、求嗣、解除	祭祀、祈福	祭祀（祈福）、冠带	祭祀（求嗣、求福、解除）、冠带
政务	上官赴任、临政亲民		上册进表章、施恩封拜（覃恩、行赏、赏劳、拜官、庆赐、肆赦）、颁诏、出师（选将训兵、安抚边境）、遣使	上表章、上官（赴任、临政亲民）
贵族	袭爵、受封	袭爵、受封	施恩封拜（受封、封爵、封册）	
社交	会宾		宴会、招贤	会亲友
生意	收敛货财、立券	收敛货材		纳财、交易、开市
移动	出行	乘船渡水、登高履险	行幸	出行
婚姻			结婚姻、嫁娶	结婚姻、嫁娶
入学			入学	入学
身体相关	沐浴		沐浴、整容、剃头、整手足甲	沐浴、剃头
医疗	治病	求医治病	疗病（求医、针刺）	疗病
家务	安宅舍		进人口（纳奴婢）、安床、裁制、扫舍宇、般移	进人口、安床、裁制、移徙、扫舍宇

（续表）

分类	《授时历》残片	明初历	上历、王历	民　历
生产	捕捉、畋猎		栽种、牧养、捕捉、畋猎	安碓硙、栽种、牧养、伐木、捕捉、畋猎、经络
修造	破屋坏垣		兴造动土竖柱上梁、缮城郭、开渠穿井	开渠穿井、修造动土竖柱上梁、动土安葬、平治道途、破屋坏垣

说明：本表括号内部分原为《（正德）明会典》中小字注，是对该选择活动的进一步解释，如上历、王历中"施恩封拜"即包括"覃恩、行赏、赏劳、受封、封爵、封册、拜官、庆赐、肆赦"等，其中"受封、封爵、封册"等事，可归入贵族类。

　　有些选择活动确实不便进行简单归类，因为各人可以从不同角度对之理解。[1]笔者把这种分类方法仅作为一种权宜之策尝试使用，希望同仁能提供建议，以便改进。

　　上述处理方式虽不够全面，但通过对比后，笔者还是能得出一些结论，可略见元明之际历注嬗递规律之一斑。明初历日当粗承元代之故例，历注中选择活动较为笼统，同时包含贵族类"袭爵""受封"及生意类"收敛货材"。洪武二十九年钦定历注制度则变更了这种传统，根据使用者的身份地位创建了新的体系，进一步区分选择活动，将贵族类如"受封""封爵""封册"等归入上历、王历中，而类如"纳财""交易""开市"等仅见于民历之中。

---

[1] 在处理敦煌历日中的选择活动时，华澜曾详细阐述过类似的问题。［法］华澜（Alain Arrault）著，李国强译：《敦煌历日探研》，《出土文献研究》第7辑，上海：上海古籍出版社，2005年，第228—230页。

选择活动之名目，可以反映出使用者的身份地位信息。如民历中之"出行"，上历、王历则对应为"行幸"。民历中，亦有"上表章、上官（赴任、临政亲民）"等事项，可知其使用者包括普通官民。上历、王历历注所载三十事中，还有"施恩封拜""颁诏""招贤""出师""遣使"等，皆与普通人不涉。犹"颁诏"等，实为皇帝专有政务，然东宫历、王历同注此事，未免有所僭越，似乎于礼不合，其中缘由，更值得进一步关注。

二、王历与洪武封藩

明初确立此种特色之历注制度，值得深思。为对其有一全景式的认识，亟须考察洪武朝之施政理念。

明太祖建国之后，吸取前朝统治教训，着手缔造带有其个人思想特色的各种典章制度，封藩制度即名之于史。洪武一朝，在大规模打击勋贵的同时，太祖先后封子二十四人、从孙一人到全国各地为藩王，以此加强皇权，拱卫帝室，从而维护朱明王朝家天下统治的长治久安。诸王手握重兵，驻守名城要地，节制地方军政事务，为巩固边防，维护国家稳定发挥了一定作用。另一方面，太祖强调亲亲之谊的家庭伦理，提倡宗族敦睦，故赋予亲藩极高政治地位与待遇。如亲王之冕服、车旗、府邸仅下天子一等，亲藩子孙世代袭封，享受优厚的俸禄，形成了明代一个特殊政治群体。

在明太祖构建的理想政治蓝图中，诸王屏藩帝室，齐保朱家社稷，同时共享天下。洪武二十九年钦定《大统历》历注制度正是此种政治理念下的产物，该处理方式反映出太祖建立统治秩序的努力。历注中的选择活动被朝廷进一步系统化、制度化，以体现明朝统治的等级之分、尊卑之别，从而规范社会阶层，使人们各司其职、各安其位。贵族类为常人难以涉及，故被归入上历历注中，普通臣民不得僭越；而生意类则归入民历历注中，其意味深长，个中缘由，乃是明确此等事务当为民间所行，皇家身为统治阶层，不应与民争利。至于皇帝御用历与东宫皇储、宗室亲藩之历同注三十事，此种荣恩意味着皇权对诸王的凝聚，将朱氏宗族地位置于全体臣民之上，形成天潢贵胄同享江山的局面。

据上述分析，可以尝试从使用需求之角度审视王历与民历形制、内容之异：王历于朔日干支下标注合朔时刻，每日下标注宝义制专伐、吉神等，民历中无此项，这体现了皇族对星占、选择术更为细密的需求；民历于每日上注伏日、社日，王历中无此项，盖因此等日子为时祭之用，属民俗性质，故皇族之历不必标注；[1]又民历中标出该年五姓修宅，此为古代推算住宅、墓地方位之吉凶之传统，洪武之制，王城、王陵之营建由朝廷负责，王历自不用此项；民历历尾署钦天监职衔姓名，此为官方昭示钦天监制历权威之用，而王历使用者地位高出天文官员甚多，亦不必列出；至于王历使用黄色丝织品封面，应为昭示宗室之尊而用。

三、永乐钦定《壬遁历》之意义

据《(正德)明会典》载，永乐七年(1409)明成祖钦定有《壬遁历》[2]，值得注意的是，该历亦注有选择活动六十七事：

---

[1] 如前文所述，民历中每日上注有盈、虚日，即古历中之没、灭日，王历无此项，笔者尚未弄清此种区别之意义，仍有待进一步研究。

[2] 如《明史纪事本末·修明历法》云："洪武元年冬十月，征元太史院使张佑……二年夏四月，征元回回司天台官郑阿里……三年六月，改司天监为钦天监。设钦天监官。其习业者分四科，曰天文、曰漏刻、曰大统历、曰回回历。自五官正而下，至天文生，各专科肄焉。五官正理历法，造历。岁造（转下页）

祭祀、祈福、解除、冠带（注时坐向方位）、宴会、招贤、选将训兵、安抚边境、结婚姻、进人口（注时）、求医疗病、入学（注时）、兴造动土、竖柱上梁（注时）、补垣、缮城郭、安碓硙、开市、立券、交易、沐浴、安床（注时）、整手足甲、缓刑狱、施恩惠、恤孤惸、布政事、捕捉、施恩封拜、覃恩肆赦、颁诏、雪冤枉、赏贺、遣使、裁制（注时）、上官赴任、般移（注时）、开渠穿井、修置产室、纳畜、牧养、取鱼、庆赐、行幸、扫舍宇、整容、剃头、纳采问名、行惠庆、举正直、出军代征、经络、求嗣、上册进表

（接上页）大统历、御览月令历、六壬遁甲历、御览天象、七政躔度历。凡历注，上御历三十事，民历三十二事，壬遁历六十七事。灵台郎……保章正……挈壶正……而统于监正、丞。十五年……"（谷应泰：《明史纪事本末》卷73《修明历法》，中华书局，1977年，第1213—1214页）以及清朝官修《明史·历志》说："洪武元年改院为司天监，又置回回司天监。诏征元太史院使张佑、回回司天太监黑的儿等共十四人，寻召回回司天台官郑阿里等十一人至京，议历法。三年改监为钦天，设四科：曰天文，曰漏刻，曰大统历，曰回回历。以监令、少监统之。岁造大统民历、御览月令历、七政躔度历、六壬遁甲历、四季天象占验历、御览天象录，各以时上。其日月交食分秒时刻、起复方位，先期以闻。十年三月，帝与群臣论天与七政之行……"（《明史》卷31《历一·历法沿革》，北京：中华书局，1974年，第516—517页）这两条材料，让人感觉到明洪武年间就开始编造《壬遁历》了。其实，《明史纪事本末》《明史》成书时间较晚，记载史实方面，有时候是选取的更早期的材料裁剪、拼接而成，还有把后面的史事提到前面来一起讲的情况，这种叙述方式容易引起歧义，让人产生误解。检索史籍，《壬遁历》之名称的记载，最早出现在代中期，如《（正德）明会典》，以及大致同时代皇甫录《皇明纪略》描述钦天监每年例行向皇帝进呈《壬遁历》（见前揭引文），没有说明其产生年代更早的证据。《大统历》历注制度确定于洪武二十九年，《壬遁历》历注确立于永乐朝，《（正德）明会典》有明确记载。还有，两条材料述洪武三年（1371）事，皆谓钦天监设有四科：天文、漏刻、大统历、回回历，说法也不正确，因为当时还有回回钦天监并立，掌管回回历法，到洪武末年撤销回回钦天监，相关人员并入钦天监，这才成立回回历科，可见《（正德）明会典》："（洪武）三十一年回回监革，回回历法亦隶本监"（《（正德）明会典》卷176《钦天监》，《景印文渊阁四库全书》第618册，台北：台湾商务印书馆，1986年，第719页）

章、修饰垣墙、纳财、栽种、临政亲民、平治道涂、出师（注时出
某方）、诏命公卿、筑堤防、宣政事、营建宫室、命将出师、嫁娶、
畋猎。[1]

《壬遁历》为皇帝御用，从其全称《六壬遁甲历》，可知推算方式
与《大统历》有异，但两者历注却多有相关之处。以下参照表
3-3例，将《大统历》系统与《壬遁历》历注进行分类对比，成表
3-4：

表3-4 《大统历》《壬遁历》历注分类对比表

分类	上历、王历	民 历	壬 遁 历
仪式	祭祀（祈福）、冠带	祭祀（求嗣、求福、解除）、冠带	祭祀、祈福、解除、冠带、求嗣
政务	上册进表章、施恩封拜（覃恩、行赏、赏劳、拜官、庆赐、肆赦）、颁诏、出师（选将训兵、安抚边境）、遣使	上表章、上官（赴任、临政亲民）	选将训兵、安抚边境、缓刑狱、施恩惠、恤孤惸、布政事、施恩封拜、覃恩肆赦、颁诏、雪冤枉、赏贺、遣使、上官赴任、行惠庆、举正直、出军代征、上册进表章、临政亲民、出师、诏命公卿、宣政事、命将出师
贵族	施恩封拜（受封、封爵、封册）		施恩封拜
社交	宴会、招贤	会亲友	宴会、招贤

[1]《（正德）明会典》卷176《钦天监》，《景印文渊阁四库全书》第618册，台北：台湾商务印书馆，1986年，第721—722页。

（续表）

分类	上历、王历	民历	壬遁历
生意		纳财、交易、开市	开市、立券、交易、纳财
移动	行幸	出行	行幸
婚姻	结婚姻、嫁娶	结婚姻、嫁娶	结婚姻、嫁娶
入学	入学	入学	入学
身体相关	沐浴、整容、剃头、整手足甲	沐浴、剃头	沐浴、整手足甲、整容、剃头
医疗	疗病（求医、针刺）	疗病	求医疗病
家务	进人口（纳奴婢）、安床、裁制、扫舍宇、般移	进人口、安床、裁制、移徙、扫舍宇	进人口、安床、裁制、般移、扫舍宇、纳采问名
生产	栽种、牧养、捕捉、畋猎	安碓硙、栽种、牧养、伐木、捕捉、畋猎、经络	安碓硙、捕捉、纳畜、牧养、取鱼、栽种、畋猎、经络
修造	兴造动土竖柱上梁、缮城郭、开渠穿井	开渠穿井、修造动土竖柱上梁、动土安葬、平治道途、破屋坏垣	兴造动土、竖柱上梁、补垣、缮城郭、开渠穿井、修置产室、修饰垣墙、平治道途、筑堤防、营建宫室

通过表3-4对比，可见《壬遁历》对《大统历》历注制度进行了整合，大致同时包含了王历与民历诸多选择活动；另外，《壬遁历》相对于上历中之政务类活动，增加了"施恩惠""恤孤惸""布政事""雪冤枉""行惠庆""举正直""出军代征""诏命公卿""宣政事"等事项。

有趣的是，清帝御用时宪书亦注选择活动六十七事：

祭祀、祈福、求嗣、上册进表章、颁诏、覃恩、肆赦、施恩封拜、诏命公卿、招贤、举正直、施恩惠、恤孤惸、宣政事、布政事、行惠爱、雪冤枉、缓刑狱、庆赐、赏贺、燕会、入学、冠带、行幸、遣使、安抚边境、选将训兵、出师、上官赴任、临政亲民、结婚姻、纳采问名、嫁娶、进人口、般移、安床、解除、沐浴、整容、剃头、整手足甲、求医、疗病、裁制、营建宫室、修宫室、缮城郭、筑堤防、兴造动土、竖柱上梁、经络、开市、立券交易、纳财、修置产室、开渠穿井、安碓硙、补垣、扫舍宇、修饰垣墙、平治道涂、伐木、捕捉、畋猎、取鱼、栽种、牧养、纳畜。[1]

经过对照，发现御用时宪书内容与《壬遁历》历注大体一致，亦包括"施恩惠""恤孤惸""布政事""雪冤枉""举正直""出军代征""诏命公卿"等事项，又如明代《壬遁历》所注"行惠庆"，清代御用时宪书作"行惠爱"。此种承袭可为认识《壬遁历》之性质提供思路。结合洪武朝情形，从《壬遁历》历注中，似乎可以看出专制皇权进一步扩张、意图支配全部社会活动之端倪。

明成祖钦定《壬遁历》，乃是《大统历》历注制度之确立十几年后，就在这段时间内，政治事件风起云涌。明初封藩制度虽为加强皇权、拱卫帝室发挥过一定作用，然太祖过分培植亲藩，导致其势力尾大不掉，又反过来对继任者的皇权构成威胁，造成了皇位争夺战争——"靖难之变"。自建文朝起，明廷始推行削藩政策。燕王朱棣打着恢复祖制的旗号起兵，其夺位后亦鉴取历史教训，进一

---

[1]《（光绪）大清会典》卷80《钦天监》，《续修四库全书》第794册，上海：上海古籍出版社，2003年，第748页。

步加强集权,对亲藩进行裁抑、打击。《壬遁历》历注之确立,可以看成上述政治背景下一个很有历史意义的具体事例。

上历、王历历注同,为洪武朝赋予亲藩极高政治地位之体现。皇帝与亲藩毕竟有着君臣之分,两者用具规格相近,确实会造成尊卑不显、秩序不彰的局面。况且永乐一朝,正积极调整洪武政策,努力强化这种上下等级秩序。《大统历》历注制度为太祖钦定,终不可变,故成祖钦定《壬遁历》历注六十七事,盖以此种形式整顿秩序,强干弱枝,既突出了皇帝至尊地位,又不用变更祖制。

永乐朝廷虽继续向亲藩颁赐王历,但较之洪武制度,其规格已在无形中降低了。

第三节　明代颁赐王府历日之方式

明制,亲王成年后,须离开京城前往封地。王府所用历日,皆来自朝廷直接颁赐,故其受历方式与普通官民不同。

一、洪武遣使颁历之制

洪武建藩之初,《大统历》历注制度虽未确立,然颁赐亲王历日之特定方式已逐步形成。如洪武十一年(1378)九月朔日,"钦天监进明年《大统历》,上御奉天殿,颁历于诸王百官"[1],而诸皇子中年长的秦王樉、晋王桐已于该年二月之国,故颁赐秦、晋二府历日当派人赍去。太祖又于洪武十三年(1380)二月下诏:"其诸王及在京文武百官直隶府州俱于钦天监印造颁给,十二布政司则

---

[1]《明太祖实录》卷119"洪武十一年九月庚午"条,第1944页。

钦天监预以历本及印分授之,使刊印以授郡县颁之民。"[1]亲王虽之国地方,然其历日之授不经布政司,仍以朝廷直接颁赐,此举体现出太祖对诸王之特殊恩遇。

随着诸皇子的逐渐成年,燕、楚、周、齐等王先后之国,明廷亦逐步完善相应礼制。洪武十八年(1385),定王国受历等礼仪、使节制度。其规定每年十月朔京师颁历式举行完毕后,即遣使者前往藩国颁历,在王府举行隆重的受历仪式:

> 凡遣使颁历,至王府,长史司[官]先期启闻,设香案于殿上。使者至,王出殿门迎接,使者捧历,诣殿上置于案,退立于案东。引礼引王诣案前,赞王四拜讫,赞跪,使者取历,立授王。王受讫,以授执事者,复置于案。赞王俯伏、兴,又四拜。礼毕。[2]

朝廷每年颁赐王府历日,斯事体大,属官郑重以待,亲王迎接,八拜受历,且历日设有执事者。这次制定王府受历仪式的同时,另有特敕使节礼制,兹引用如下,作为参照:

> 有特敕至王府,王先遣官郊迎。既至,王出迎,亦如前(颁历)仪,行八拜礼,但王看毕置于案,百官不必陪班。[3]

---

[1]《明太祖实录》卷130 "洪武十三年二月辛卯" 条,第2064页。
[2]《明太祖实录》卷171《洪武十八年二月辛酉》条,第2620—2621页。"官"字原脱,据《(正德)明会典》卷54《受历》补,《景印文渊阁四库全书》第617册,台北:台湾商务印书馆,1986年,第584页。
[3]《明太祖实录》卷171 "洪武十八年二月辛酉" 条,第2621页。

但朝廷有特旨至,亲王亦是郑重相迎,然无须诸官员陪同,则洪武一朝对颁赐亲王历日事务之重视程度可见分晓。

亲藩阶层亦对颁历典礼有所记载,如秦简王朱诚泳曾作诗《颁赐新历》:

> 皇明开泰运,太史独前知。文轨同尧象,璇玑用夏时。袭藏归祖庙,拜舞受阶墀。何幸连潢派,年年睹盛仪。[1]

该诗追溯经典,提及周天子颁、告朔,诸侯藏之祖庙的礼制渊源,又生动地描述了亲藩出殿门迎接,跪拜受历的例行盛大仪式。

明廷颁历时间几经变动,大致规律是:洪武初年为每年十月朔日,六年(1373)改九月朔,十三年(1380)又改回十月朔,至二十六年(1393)复改回九月朔,成祖登基后改为十一月朔日,至嘉靖十九年(1540)又改为十月朔。[2]故王府受历时间也相应有所调整。

在就藩之地,每年颁赐王历又称为进历,是件重大事务,地方官员亦须前往陪班,因此形成王府与地方官员的例行社交活动。明人对此过程的记载,仍有一些诗文流传,可举为例证。

"前七子"中的何景明,曾在正德年间任陕西提学副使。某年颁历西安秦王府,何氏在场,宴享时作诗《秦府进历》曰:

> 宝历颁天阙,金樽宴锦轩。万年周正朔,七叶汉宗藩。向

---

[1] 朱诚泳:《小鸣稿》卷4《颁赐新历》,《景印文渊阁四库全书》第1260册,台北:台湾商务印书馆,1986年,第245页。

[2] 刘利平:《明代钦天监进呈历时间考》,《史学集刊》2009年第3期。

日夐阶晓,含风蕙砌暄。同欢承睿款,歌舞颂乾元。[1]

此外,笔者还找到了一些山西太原晋王府的相关诗篇。弘治年间,祁顺任山西右参政,某年朝廷颁历王府时,曾与晋王世子联句作诗两首,抄录如下:

> 凤历早颁天阙晓,王门今亦进新书(殿下)。九重霄汉春应近,三晋山河庆有余(顺)。律转黄钟新气候(殿下),梅开白雪旧庭除(顺)。太平有象君臣乐(殿),汉代河间恐不如(顺)。
>
> 佳气氤氲拥禁闱(殿下),扶桑日色晓熹微。春随白雪来诗笔,喜逐红云上衮衣(顺)。蔼蔼漏声催晓箭(殿下),重重恩宠出天扉。藩臣有幸承恩遇,玳瑁筵前尽醉归(顺)。[2]

李濂亦曾在山西为官,有诗《仲冬朔日晋府进历同诸寮宴上作》,记载晋王府受历之事。据《李濂年谱》,此诗作于嘉靖四年(1525)。[3]按照刘利平研究,该年颁历时间应为十一月朔日,历书从京城颁下,传送到太原要晚一些,这就与“仲冬朔日”存在冲突。《明世宗实录》也没有关于嘉靖四年颁历事宜的记载。因此,此间的时间问题尚待进一步研讨。其诗描绘颁历盛状曰:

---

[1] 何景明:《大复集》卷22《秦府进历》,《景印文渊阁四库全书》第1267册,台北:台湾商务印书馆,1986年,第193页。
[2] 祁顺:《巽川祁先生文集》卷8《十一月进历王府与世殿下联句》,《四库全书存目丛书·集部》第37册,济南:齐鲁书社,1997年,第490页。
[3] 袁喜生:《李濂年谱》,开封:河南大学出版社,2000年,第100页。

> 颁朔朝廷制,回春造化功。礼迎羲氏历,乐奏晋王宫。殿阁喧云外,山川霁色中。兔园留宴久,辞赋许谁工。[1]

亲藩受历过程中,还伴随着乐曲弹奏,这可以增进对前文仪式的认识。朝廷让地方官员参与王府受历仪式,借此机会见证大明皇朝的统治秩序,感受圣恩所及,进一步强化皇权之权威。

二、明代颁历王府方式之转变

降及嘉靖中叶,明廷再度变更颁赐王府历日方式,对之进行简化。

《(万历)大明会典》载:"嘉靖十九年(1540),令以十月初一日进历,颁赐百官。凡颁历后,各王府差人于内府司礼监关领。"[2]又"后颁历以十月初一日,其王府历日,亦不遣使,但附于各府赍捧进贺冬表人员顺赍颁授。"[3]又据万历朝修撰《王国典礼》补充《会典》所载王国受历仪式曰:"今赐历,不遣使,惟使布政司进送,亦照此礼行。"[4]此时颁赐王府历日事宜经由布政司,盖以其代行中央政府部分职责。明代颁赐王府历日之方式,最初由朝廷特遣使节颁赐,到后来以王府派人进京领取,乃至由布政司负责进行,此

[1] 李濂:《嵩渚文集》卷20《仲冬朔日晋府进历同诸寮宴上作》,《四库全书存目丛书·集部》第70册,济南:齐鲁书社,1997年,第500页。
[2]《(万历)大明会典》卷223《钦天监》,《续修四库全书》第792册,上海:上海古籍出版社,2003年,第635页。
[3]《(万历)大明会典》卷56《受历》,《续修四库全书》第790册,上海:上海古籍出版社,2003年,第156页。
[4] 朱勤美:《王国典礼》卷4《迎历》,《北京图书馆古籍珍本丛刊》第59册,北京:书目文献出版社,1988年,第173页。

种转变,当与亲藩阶层在统治集团内部地位变化有关。

洪武建藩之际,诸亲王身为帝子,其时封藩制度实建立于血亲基础之上,故颁赐王历制度得以郑重施行。成祖继承建文帝之削藩政策,加强集权,在朝廷的严密控制下,亲藩开始失去拱卫帝室之功能,逐渐成为摆设。自永乐以降,帝王之位经累代传承,皇帝与诸王府血缘关系日益疏远,原先的家族凝聚力日趋淡漠,亲藩地位持续走低。何况每年颁历诸王府使节开销不菲,故亲藩群体待遇大不如从前。明代颁赐王府历日方式之演变,一定程度上反映出朝廷对天潢贵胄态度的变化。

第四节　颁赐王历范围之扩张

洪武制度,朝廷颁给亲藩阶层王历,普通官民受颁民历。后世诸代,王历颁赐超出此范围,渐次扩大到藩属国王,乃至部分亲信大臣。

一、颁赐藩属国王历

自永乐朝,明廷开始颁给朝鲜国王王历。

洪武后期,高丽大将李成桂取代王氏统治,建立李朝,然明太祖并不信任李氏,虽准其改国号朝鲜,却迟迟不予册封,停颁历日。建文帝登基改元,仅按例颁给朝鲜国大统历日一本。[1]靖难期间,明廷始对朝鲜进行笼络,继续颁历。朝鲜国王本郡王爵,建文帝特

---

[1]《李朝太祖实录》卷15"太祖七年(洪武三十一年)十二月甲子"条,第564页。

赐以亲王九章之服。[1]

　　永乐朝廷建立后,因朝鲜表示顺服,及时恭贺,亦赐国王服制比秩亲王。成祖对其国大加赞赏,尝称:"但是朝鲜的事,印信、诰命、历日,恁礼部都摆布与他去,外邦虽多,你朝鲜不比别处。"[2]

　　永乐元年(1403)十一月朔日,明成祖御奉天殿,颁赐次年历日给诸王及文武群臣,"仍遣[使]赐颁朝鲜诸番国,着为令"[3]。

　　明廷颁历规格也相应提升,据前文引述朝鲜史料,关于"黄绫面"历日的记载,早在永乐三年(1406)就已经出现了,笔者认为这当是永乐元年定制的内容。此时,颁赐王历进一步成为明廷笼络藩属国的手段。朝鲜国王享受此种优遇后,使用王历之特权遂不再为明朝亲藩阶层独享,前引《(正德)明会典》,谓明朝藩属国如琉球、占城等,皆因朝贡而受赐王历,盖依朝鲜例而行。

二、颁赐臣属中历

　　及至嘉靖时代,皇帝在御殿颁历之后,还向某些亲信大臣颁赐中历,以示特殊荣恩。所见年代最早的是夏言,他在嘉靖十年(1531)作《谢特赐历疏》曰:

　　　　该钦天监进御览等历,臣同文武百官俯伏班行,蒙颁赐嘉靖十一年大统历日一册。是日复蒙圣恩,特赐臣中历一本、散历十册者。窃以黄钟应律,玉衡明七政之辰,北斗移春,宝历布万方之朔。谨人时于敬授,协天运于仰观。惟圣神化育

---

[1]《李朝太宗实录》卷3 "太宗二年(建文四年)二月己卯" 条,第148页。
[2]《李朝太宗实录》卷5 "太宗三年(永乐元年)四月甲寅" 条,第287—289页。
[3]《明太宗实录》卷25 "永乐元年十一月乙亥" 条,第449页。

之功,得辅相裁成之道。仰惟皇上天宝孔固,当历数之在躬,神赐无疆,适文明之应会。登台而望云物,占氛祲之全消,拂管以候阳和,验锱铢之不爽。臣徒縻岁月,无补治功,甲子新编,已拜外廷之赐,司天秘帙,重叨中禁之颁。计日知年,敢惜衰迟于犬马,班和布政,愿同熙皞于乾坤。臣无任庆忭感激之至。[1]

谢赐历日表曾盛行于唐宋时期。明代以授时为帝王之职,向普通臣民颁发历日,免工本费[2],皇恩沐及天下,故大臣受颁民历并无特殊荣恩。时夏言新任礼部尚书,"去谏官未浃岁拜六卿,前此未有也"[3]。平步青云之际,皇帝还特赐亲王用历,夏言诚惶诚恐,受宠若惊,作疏谢赐,将中历称为"司天秘帙",感激皇恩备至。

夏言"性警敏,善属文"[4],尤工于清词,此后数年相关谢赐历日奏疏,其文集俱有收录[5],略举之。嘉靖十一年(1532)十一月朔日,夏言作《谢赐历日疏》曰:

> 恭遇皇上给赐百官《嘉靖十(一)[二]年大统历》并颁行天下。臣已预在廷之赐,是日复钦蒙圣恩,赐臣中历一册、散

[1]夏言:《夏桂洲先生文集》卷15《谢特赐历疏》,《四库全书存目丛书·集部》第74册,济南:齐鲁书社,1997年,第663页。
[2]明太祖于洪武十五年(1382)"诏免历日工本钱",参见本书第五章。
[3]《明史》卷196《夏言传》,北京:中华书局,1974年,第5194页。
[4]《明史》卷196《夏言传》,北京:中华书局,1974年,第5191页。
[5]嘉靖十五年,夏言作《谢赐看历散历疏》云:"伏蒙圣恩,特赐看历一册、散历二十册者。"笔者认为,"看历"或当作"皇历",因为当是指王历的封面是黄绫面。见夏言:《夏桂洲先生文集》卷15《谢赐看历散历疏》,《四库全书存目丛书·集部》第74册,济南:齐鲁书社,1997年,第687页。

历十册者。伏以凤历授时，睹周正三阳之始，龙飞启运，更太平一纪之新。律管嘉应于黄钟，十柄潜回于紫极。天舒景象，瑞日丽而庆云翔，人乐熙纯，寿域开而协气布。恭惟皇上尧仁荡荡，育万物以同春；舜治巍巍，配四时而成序。正朔载颁于率土，声教日暨于敷天。中和致而经纶生，坐享无为之盛，调燮明而玑衡顺，共成有道之长。臣公荷宠颁，私叨荣赐，敢不敬遵唐典，共蠲吉以和神人，寅奉夏时，务直清以称夙夜。臣无任感谢天恩之至。[1]

嘉靖十二年（1533），夏言《谢赐新历疏》云："赐臣中历一册，散历十册者……"[2]嘉靖十三年（1534），夏言又作《谢赐新历疏》曰："特赐中历一册，散历十册者……"[3]嘉靖十四年（1535），夏言仍作《谢赐新历疏》。[4]

又据《实录》记载嘉靖十四年十一月朔日颁历事宜，称："上御奉天殿，钦天监进明年《大统历》，颁赐群臣，仍特赐辅臣李时、礼部尚书夏言及讲官谢丕等有差。"[5]该年颁历仪式结束后，世宗仍有特赐，所指应该是中历。受赐者还有辅臣、讲官等，可见其时颁赐宠臣中历似成惯例。

---

[1]夏言：《夏桂洲先生文集》卷15《谢赐历日疏》，《四库全书存目丛书·集部》第74册，济南：齐鲁书社，1997年，第666—667页。

[2]夏言：《夏桂洲先生文集》卷15《谢赐新历疏》，《四库全书存目丛书·集部》第74册，济南：齐鲁书社，1997年，第670页。

[3]夏言：《夏桂洲先生文集》卷15《谢赐新历疏》，《四库全书存目丛书·集部》第74册，济南：齐鲁书社，1997年，第673页。

[4]夏言：《夏桂洲先生文集》卷15《谢赐新历疏》，《四库全书存目丛书·集部》第74册，济南：齐鲁书社，1997年，第677页。

[5]《明世宗实录》卷181"嘉靖十四年十一月戊午"条，第2863页。

皇帝颁赐中历一般在颁历之日而行,但也有例外。如嘉靖二十八年(1549)颁历日期为十月朔,而颁赐中历时间在典礼举行一月后。张治作《谢赐历日疏》可举为证:

> 十一月初一日,伏蒙皇上颁赐臣中历一册、散历一百本。伏以天绕玑衡,再启三百六旬之始,年编凤纪,欣瞻二十九载之春,七政上叶于有虞,正朔诞颁于诸夏。恭惟皇上运圣神功化之妙,极裁成辅相之宜,治历明时,法天布治。臣等既荷大廷之赐,复叨在直之颁,占景祚以无疆,庆嘉时之有俶。祝圣寿比天同永,愿皇图与日俱升。[1]

万历一朝,皇帝开始较大规模颁赐中历,对象一般为辅臣、讲官等。如万历三十六年(1608)十月初四,"赐三辅臣各中历十五本、民历一百本,讲官杨道宾等三员有差"。[2]万历三十七年(1609)十月朔日,"颁赐辅臣李廷机、叶向高每中历十本、民历一百本,及讲官萧云举、王图有差"。[3]万历四十三年(1615)十月朔,"颁赐二辅臣,每员中历十本、民历百本"。[4]万历四十五年(1617)十月朔,"赐辅臣中历十本、民历一百本"。[5]万历四十七年(1619)十月朔,"颁赐辅臣中历十本、民历一百本"。[6]其时颁赐中历册数

---

[1] 张治:《张龙湖先生文集》卷2《谢赐历疏》,《四库全书存目丛书·集部》第76册,济南:齐鲁书社,1997年,第395页。
[2]《明神宗实录》卷451"万历三十六年十月戊午"条,第8529页。
[3]《明神宗实录》卷463"万历三十七年十月己酉"条,第8729页。
[4]《明神宗实录》卷538"万历四十三年十月甲辰"条,第10205页。
[5]《明神宗实录》卷562"万历四十五年十月壬辰"条,第10591页。
[6]《明神宗实录》卷587"万历四十七年十月庚戌"条,第11239页。

较多,受历者亦可再行转赠同僚亲友,如此一来,中历就更不如早先稀罕了。

万历六年(1578),翰林院修撰于慎行充日讲官,曾作诗《颁历赐新书五十册岁以为常》曰:

> 圣后乘乾万宇欣,明堂布朔启灵文。龙墀已忭群工赐,玉版仍陪上宰分。冀展瑶阶春动律,日蒸宝鼎气成云。惭将赤管随恩泽,试卜周年祝大君。[1]

据于氏自称,十月朔日颁赐新历,先随群臣在丹墀上受颁,后又同部分重臣在廷再次受特赐,五十册历日,所指应为中历与民历。

此外,《实录》中,颁历之期,常会出现一些相关记载。如万历七年(1579)十月朔的记录:“上御皇极殿,颁《万历八年大统历》。特赐元辅张居正,次辅张四维、申时行及讲官何雒文等有差。”[2]万历二十三年(1595)十月朔,“颁赐四辅臣及讲官刘元震等历日有差”。[3]万历二十四年(1596)十月朔,“上颁赐四辅臣与日讲官等历日各有差”。[4]万历三十一年(1603)十月朔,“钦天监进万历三十二年历日,赐辅臣及讲官,在廷诸臣有差”。[5]万历三十二年(1604)十月朔,“钦天监进三十三年《大统历》,上不御殿,百官于

---

[1] 于慎行:《谷城山馆诗集》卷16《十月朔日颁历赐新书五十册岁以为常》,《景印文渊阁四库全书》第1291册,台北:台湾商务印书馆,1986年,第152—153页。

[2]《明神宗实录》卷92 “万历七年十月癸酉” 条,第1881页。

[3]《明神宗实录》卷290 “万历二十三年十月庚子” 条,第5367页。

[4]《明神宗实录》卷303 “万历二十四年十月甲子” 条,第5673页。

[5]《明神宗实录》卷389 “万历三十一年十月癸未” 条,第7315页。

文华门外行礼给赐,颁行天下,仍加赐辅臣、讲官等有差"。[1]泰昌元年(1620)十一月朔,"颁天启元年历,是日赐辅臣刘一燝、韩爌及讲官钱象坤等新历各有差"。[2]这些内容,应该也是指皇帝在颁历典礼结束后特赐中历。

皇帝向一些亲信臣子特赐中历,此举意味着对其地位之擢升。从臣属受历之等级规格,可反映出受历对象地位变化之微妙:亲藩与部分臣工在血统出身、封爵禄位上虽有高低贵贱之分,却在受赐历日方面消弭了上下之别,变相降低了亲藩的地位。

回头看来,明代中期中历这种特殊名称出现之意义,笔者推测可能在某种程度上蕴含使用者身份等级变化之微妙意味。洪武之制,亲王地位甚高,其待遇仅下皇帝一等,故王历历注与上历同,《大统历》历注制度实区分社会为两个阶层,凌驾朱氏家族统治于全体臣民之上。后世将王历称为中历,或意味着其使用者的身份已介于皇帝与普通臣民之间,实则突出皇权之尊,亲藩地位变相降低了。

本章小结及余论

朝廷颁历授时,是中国古代统治秩序的重要体现方式。大统历日种类颇多,约有上历、东宫历、王历、民历等多种。存世王历实物,可为研究上层人士社会生活提供参考。

本章辨定出十种王历实物,并总结出王历与民历的形制差异,主要体现在四个方面:一为王历首页每月朔日下标有合朔时刻,

[1]《明神宗实录》卷402"万历三十二年十月丁未"条,第7523页。
[2]《明熹宗实录》卷3"泰昌元年十一月甲戌"条,第119页。

此民历无；二为每日历注，民历每日上标注伏、社、盈、虚日，此王历无，而王历每日下标注宝义制专伐、吉神，此民历无；三为民历之末有五姓修宅，王历无；四为民历之末附有钦天监官衔名，王历无。王历与民历中的选择活动也存在差异，它们分别属于《大统历》两个不同的历注系统。

明廷颁历分级制度之建立，当基于洪武封藩之政治理念，其特征可以从三个方面审视：一是历日使用者，亲藩用王历，普通官民用民历；二是诸历之间的关系，其核心理念为洪武二十九年钦定之《大统历》历注制度，区分选择活动等级，重塑统治秩序，赋予亲藩阶层极高待遇；三是颁赐王历之方式，洪武十八年定王国受历礼仪、使节之制。洪武一朝，颁历分级制度赋予亲藩极高政治待遇，以朱氏皇族地位凌驾于全体臣民之上，明太祖的统治意志即由此得到体现。

制度是时代的产物，当社会历史条件发生变化，制度也相应地出现变迁。永乐以还，政治风向较之洪武朝的发生了重大转变，埋下了制度变迁的关键因素。自此，相关政策开始出现调整，反映出亲藩阶层地位的变化，其相应体现：一为永乐七年《壬遁历》历注制度之确立，实为成祖在保留祖制的基础上以此突出皇权至尊地位；二为颁赐王历方式之转变，改遣使颁历为王府派人自取历日，再由布政司进送行礼，这种简化反映出朝廷对亲藩态度的淡漠；其三为受赐王历之权益不再为亲藩阶层专享，先有藩属国王，后有部分重臣，乃至王历可被朝臣转送，王历使用范围渐次扩大，亲藩地位又变相降低。

明代颁历分级建立于集权统治之基础上，注定了皇权是影响其发展方向的决定性因素，其缘起由此，其变革亦由此。帝制中国的天潢贵胄出身尊贵,但在君权日益强大的历史形势下,其地位持续走低,与臣工趋同,本章的探索,可以反映出其中一个重要的侧面。

第四章

明代对藩属国之颁历

——以朝鲜为例

颁历在中国古代国家的对外交往中具有重要意义,前人已介绍过宋代多家政权并立时的情况。[1]纵观中国古代,虽然存在程度大小不一的分裂期,但更加引人瞩目的,还是大一统皇朝。

古代中国是东亚地区的文明中心,周边国家常有臣服之举,愿归为藩属,接受册封。藩属国按期遣使来京朝觐,朝廷则赐以印信、诰文、历日等。这种国际政治形式,被费正清(J.K. Fairbank)称为"朝贡体系"(tributary system)。李氏朝鲜就是中华帝国后期"朝贡体系"中颇具代表性的藩属国。朝鲜秉持儒家理念,对外交往推行事大主义政策[2],诚心事奉明朝,奉明正朔。有明一代,中国颁历李氏朝鲜两百余年,对其国家政治、社会、文化等方面产生了深远的影响。

关于中国对朝鲜颁历问题,学界主要是宏观层面的论述,迄

[1] 董煜宇:《历法在宋代对外交往中的作用》,《上海交通大学学报(哲学社会科学版)》2002年第3期;韦兵:《星占、历法与宋夏关系》,《四川大学学报(哲学社会科学版)》2007年第4期;韦兵:《竞争与认同:从历日颁赐、历法之争看宋与周边民族政权的关系》,《民族研究》2008年第5期。
[2] 孙卫国:《论事大主义与朝鲜王朝对明关系》,《南开学报(哲学社会科学版)》2002年4期。

今未见专门研究。虽有部分课题初步涉及[1]，但认识仍不够全面。明朝作为宗主国颁历两百余年，李氏朝鲜作为藩属国，对明朝采取慕华、事大之策，诚心遵奉明朝正朔。本章尝试考察两国颁历关系形成定制的过程，阐述颁历的具体形式，并揭示出明朝颁历朝鲜对该国政治、社会、文化等方面产生的深远影响。

第一节　两国颁历关系之建立

明朝驱逐蒙元，取代其统治地位，在东亚建立起了以自己为中心的世界秩序。然而，明廷颁历高丽/朝鲜关系形成定制的过程并非一蹴而就。

一、洪武朝颁历关系之变动

颁历制度是中国传统礼仪文明的重要方面，其辐射远及周边日、朝、越等地区，是中华文化圈内重要的政治文化现象。如宋、辽、金并立时期，各政权就已经长期向臣服于自己的国家，如南唐、大理、交趾、高丽、西夏等颁历。辽金以降，高丽已是世为中国藩属。有元一代，高丽国王由元廷册封，每年奉表入贡，受赐历日，奉元正朔。

元朝入主中原，《元史》记载最早的颁历藩属国事宜，为世祖

---

[1] 如张升对明廷颁历朝鲜的情况有过简略介绍，石云里和孙卫国的研究，也涉及清朝颁历朝鲜事宜。张升：《明代朝鲜的求书》，《文献》1996年第4期。石云里：《"西法"传朝考》（上、下），《广西民族学院学报（自然科学版）》2004年第1期、第2期；石云里：《中朝两国历史上的天文学交往》，《安徽师范大学学报（自然科学版）》2014年第1期、第2期；孙卫国：《大明旗号与小中华意识——朝鲜王朝尊周思明问题研究（1637—1800）》，商务印书馆，2007年，第226—255页；孙卫国：《从正朔看朝鲜王朝尊明反清的文化心态》，《汉学研究》第22卷第1期。

忽必烈"以至元二年(1265)历日赐高丽国王王禃"[1]。

其实，还有年代更早的记载。《全元文》收录的《赐高丽国王历日诏》中写："献岁发春，式遘三阳之会；对时育物，宜同一视之仁。睠尔外邦，忠于内附；肇用正旦，庸展贺仪。方使介之旋归，须莫书之播告。今赐卿中统五年(1264)历日一道，卿其若稽古典，敬授民时。劝彼东嵎之民，勤于南亩之事，茂用和气，迄用康年；时乃之休，惟朕以怿。"[2]这篇诏文反映出元廷向藩属国颁降历日时常常伴有特定诏书，内中论述颁历授时之要义。

元顺帝统治时期，高丽王室与蒙元交恶，时值天下大乱，元朝国势渐微，高丽乘机摆脱其控制。

明朝建国之初，高丽即归附为其藩属。洪武二年(1369)八月，明太祖遣使偰斯册封高丽国王王颛，赐金印诰文，并颁《大统历》一本[3]，《高丽史》记载此事[4]。十月朔日，高丽使者成准得归国时，太祖又赐来年历日即《洪武三年(1370)大统历》[5]，《高丽史》亦载此事[6]。洪武三年七月，朝鲜正式行用洪武年号。[7]洪武

[1]《元史》卷5《本纪第五·世祖二》，北京：中华书局，1976年，第100页。

[2]李修生主编：《全元文》卷97《赐高丽国王历日诏》，第3册，南京：江苏古籍出版社，1999年，第299页。

[3]《明太祖实录》卷44"洪武二年八月丙子"条，第866—867页。

[4][朝鲜]郑麟趾：《高丽史·世家》卷42《恭愍王五》，《四库全书存目丛书·史部》第160册，济南：齐鲁书社，1995年，第75页。

[5]《明太祖实录》卷46"洪武二年十月壬戌"条，第907—909页。

[6][朝鲜]郑麟趾：《高丽史·世家》卷42《恭愍王五》，《四库全书存目丛书·史部》第160册，济南：齐鲁书社，1995年，第76页。"中研院"史语所校印本《明太祖实录》作"成惟得"，抱经楼本《明太祖实录》作"成唯得"，而《高丽史》五次皆作"成准得"，当以此为准。

[7][朝鲜]郑麟趾：《高丽史·世家》卷42《恭愍王五》，《四库全书存目丛书·史部》第160册，济南：齐鲁书社，1995年，第79页。

之初,周边国家多受颁《大统历》,据《明太祖实录》可考者,有如占城、爪哇、日本、安南、高丽、琉球、真腊、三佛齐等,明朝借此重整了东亚统治秩序。

洪武之初,明军北伐攻克大都,元廷退居塞外,是为北元。蒙元统治集团不甘心失败,时刻准备卷土重返中原,边塞一线,南北对峙拉锯,交兵不断。高丽地理位置较为特殊,因元将纳哈出等拥兵占据辽东等处,北元势力与高丽直接接壤,对其国政治仍有一定影响。高丽国王王颛遇刺后,亲元势力抬头,继任者辛禑曾受北元册封,一度行用宣光年号。高丽交通元廷,在明、元两个政权之间摇摆不定,这种骑墙态度阻碍了其与明朝关系的进一步发展。洪武十八年(1385)十月,辛禑遣谢恩使,并求赐历日、符验[1],又据《实录》记载该年年底事,礼部称高丽国咨请《大统历》,太祖诏令赐之十本[2],可见其时颁历高丽未成定制。

洪武时代,明廷持续征伐蒙元,逐步击溃其残余势力。洪武二十年(1387),明军迫降元将纳哈出等,收服辽东,建立指挥都司,与高丽国接壤。明廷收复元属故地,置铁岭卫于鸭绿江东,两国因此出现领土纠纷,高丽求铁岭不得,怒而兴兵伐明。统兵大将李成桂本不愿开此战端,出征后率师倒戈归国,索性废黜辛禑,总揽国政。洪武二十五年(1392),李成桂索性代王氏高丽自立,遣使赴京请求承认,明廷准其改名李旦,并赐国号朝鲜。然而,明太祖并不信任李氏,迟迟不予册封,二国关系又步入困顿。

---

[1] [朝鲜]郑麟趾:《高丽史·列传》卷48《辛禑三》,《四库全书存目丛书·史部》第162册,济南:齐鲁书社,1995年,第459页。

[2]《明太祖实录》卷46"洪武十八年十二月壬子"条,第2673页。

朝鲜建国时,明廷每年颁历百本,曾有惯例。洪武二十七年(1394)二月,礼部称"朝鲜国岁给《大统历》一百本,今李旦数生边衅,既已绝其往来,则岁赐之历亦宜免造"[1],获太祖诏准。

洪武时代,因高丽/朝鲜政局纷乱,叛服异常,两国关系多有变动,颁历关系终未成定制,甚至出现停颁历日的情形。

二、建文朝颁历局面之渐开

洪武三十一年(1398)闰五月,明太祖崩。建文帝登基后,联系诸藩属国并颁赐新历,通告改元事宜。十二月,太祖讣音传至朝鲜,《李朝实录》记载了两国人员的短暂接触情况:

> 义州万户李龟铁,传奉礼部咨文及明年历日以进曰:"朝廷使臣陈纲、陈礼等,到鸭绿江西。万户至,使臣既授之,即欲回去。万户固请,越江信宿而还。"
>
> 其咨曰:"大明礼部为仪礼事。近为太祖高皇帝升遐,今上皇帝奉遗诏即位,以明年为建文元年(1399),已经布告天下。今照海外朝贡诸国,理合通行,今发去《建文元年大统历》一本。"[2]

明廷遣使传咨、颁历,使者让朝鲜地方官赍回,自己急于回京复命,甚至不愿面见国王,据此可推断,建文朝廷因新君登基,仅例

[1]《明太祖实录》卷231"洪武二十七年二月癸酉"条,第3379页。
[2]《李朝太祖实录》卷15"太祖七年(洪武三十一年)十二月甲子"条,第564页。

行通知周边国家而已,对颁历朝鲜并未郑重以待,较之洪武时代并无改观。明鲜二国关系之僵局,直到明朝靖难期间才逐渐打开。

自建文帝登基以来,李朝政局动荡,先后出现了两次"王子之乱"。其先发生于洪武三十一年九月,李旦因政变被逼退位,第二子李芳果继立,改名曔,但朝鲜实际掌权者为李旦第五子李芳远。建文二年(1400)十一月,李芳远又代其兄而立,在此期间,李氏始终未受明廷册封,仅任为权知朝鲜国事。

建文三年(1401)二月,建文朝廷再次颁历朝鲜。因先期李芳果曾派人去庆贺皇帝生辰,故明使此次前来,还兼有赏贺职责。而使者抵达时,朝鲜统治者已经是李芳远了。李芳远亲率百官,身着朝服郊迎,使臣乃宣读建文皇帝诏书曰:

> 中国之外,六合之内,凡有壤地之国,必有人民,有人民,必有君以统之。有土之国,盖不可以数计,然唯习诗书知礼义,能慕中国之化者,然后朝贡于中国,而后世称焉。否则虽有其国,人不之知,又或不能事大,而以不善闻于四方者,亦有矣。惟尔朝鲜,习箕子之教,素以好学慕义闻中国。自我太祖高皇帝抚临万邦,称臣奉贡,罔或怠肆,暨朕祗受遗诏,肇承丕绪,即遣使吊贺。时在谅阴,不遑省答,及兹除服,会北藩宗室不靖,军旅未息,怀绥之道,迄今缺然。惟尔权知国事李曔,能敦事大之礼,以朕生辰,复修贡篚,心用嘉之。今遣使赍赐《建文三年大统历》一卷、文绮纱罗四十匹,以答至意。尔尚顺奉天道,恪守藩仪,毋惑于邪,毋怵于伪,益坚忠顺,以永令名,俾后世谓仁贤之教,久而有光,不亦休乎! 故兹诏示,宜体

眷怀。[1]

建文元年(1399)七月,靖难兵起,天下震动,朝廷屡次征讨,损兵折将,终不能平定。燕王据有北平,多次出兵南下,明朝辽东驻军孤悬海外,因朝鲜与该地毗连,互相犄角,故其国重要战略地位愈发凸显。建文帝伐燕受挫,疑虑朝鲜,担心李氏站到燕王一边,故开始采取怀柔政策,对之极力拉拢。[2]

李芳远登位后急于求明廷承认。建文朝廷虽心存疑惑,仍遣使赍印、诰,为之正名。建文三年(1401)初,皇帝下圣旨曰:

> 朕惟天地之常道,不过乎诚,人君之为治,不过乎信。苟为下者,于信有所不足,人君亦岂可以不信待之哉!近尔礼部奏:"朝鲜权知国事李曔,欲以其弟李芳远继其后及,请诰、印、历日。"朕见其使,来意恳切,即可其请,遣使赍印诰,往正其名,且许以其弟为嗣。[3]

李芳远所需诰命、印信、历日等,是为明廷承认其政治地位之标志,经多方请求后,终获赐予。靖难期间,朝鲜国内统治二度易主,然其始终坚持尊奉明朝正统,明、鲜关系借此改善。

三、永乐朝颁历关系成定制

正如《中韩关系史》(古代卷)所云:"自成祖即位时起,因政局

---

[1]《李朝太宗实录》卷1"太宗元年(建文三年)二月乙未"条,第24页。
[2] 王崇武:《明靖难史事考证稿》,上海:上海商务印书馆,1948年,第126—134页。
[3]《李朝太宗实录》卷1"太宗元年(建文三年)三月乙丑"条,第32页。

变幻和皇帝个人喜怒所造成的明、鲜关系的波动基本上结束了,两国关系开始转入正常、稳定发展的轨迹。"[1]

建文四年(1402)六月,建文朝廷覆亡,燕王由外藩入继大统。朝鲜为了国家利益,面对现实,表示顺服,主动停用建文年号,[2]随后又遵成祖诏令,当年仍以洪武三十五年为纪[3]。因朝鲜及时转变态度,奉新君正统,二国友好关系在永乐朝得到延续。成祖亦对朝鲜多加赞赏,其国待遇大幅提升。今举礼部尚书李至刚所言为证:

> 上位有圣旨:"但是朝鲜的事,印信、诰命、历日,恁礼部都摆布与他去,外邦虽多,你朝鲜不比别处。"[4]

永乐元年(1403)初,明廷如前例,遣使"赍奉诰命、金印,并《永乐元年大统历》前去朝鲜国",此次"赐朝鲜国王诰命一道、金印一颗、金印池一颗",又命其国"将先与诰命、旧印并印池缴回"。[5]

永乐元年十一月朔日,钦天监进呈《永乐二年(1404)大统历》,成祖奉天殿受历后,颁赐给诸王及文武群臣,同时遣使颁赐朝鲜等诸番国,并"着为令"。[6]次年,朝鲜国谢恩使自京师归国,顺带赍回礼部咨文,其记载钦赐历日书籍等事,略云:"《永乐二年

---

[1] 蒋非非、王小甫等:《中韩关系史》(古代卷),北京:社会科学文献出版社,1998年,第278页。

[2]《李朝太宗实录》卷4"太宗二年(建文四年)十月壬子"条,第232页。

[3]《李朝太宗实录》卷4"太宗二年(建文四年)十月癸亥"条,第235页。

[4]《李朝太宗实录》卷5"太宗三年(永乐元年)四月甲寅"条,第288页。

[5]《李朝太宗实录》卷5"太宗三年(永乐元年)四月甲寅"条,第289页。

[6]《明太宗实录》卷25"永乐元年十一月乙亥"条,第449页。

大统历》一百本、《古今烈女传》一百一十部。"[1]据此,可判定去年所著之令,内容包含每年颁历百本之制。

永乐之初,明廷又开始颁给李朝一种"黄绫面"《大统历》。如永乐三年(1405),李朝鸡城君李来等自京师归来,赍礼部咨文回,其记载明廷颁赐历日事曰:"今颁永乐三年大统历日一百本,内黄绫面一本。"[2]又永乐六年(1408),明廷钦差赍礼部咨文抵朝鲜,记载颁赐书籍等事,其称:"钦赐本国王《大明孝慈高皇后传》书五十本,并永乐六年大统历日一百本、黄绫面一本,除交付本国差来使臣户曹参议具宗之领去外,合行知会领受施行。"[3]

笔者在第三章中考证此物,指出这应是王历,即明朝亲王用历。该历封面裹以黄色丝织品,以标识使用者等级之分。另《(正德)明会典》记载:"如琉球、占城等外国,正统以前,俱因朝贡,每国给与王历一本、民历十本;今常给者,惟朝鲜国,王历一本、民历一百本。"[4]可知朝鲜国王享受亲王待遇。明朝藩属国王受赐王历,当是永乐元年形成定制。

第二节　明廷颁历朝鲜之形式

明朝对朝鲜颁历关系成定制后,每年执行,遂成例行公务。本节内容,将对此种颁历机制进行详细考察。

[1]《李朝太宗实录》卷7"太宗四年(永乐二年)三月戊辰"条,第411页。
[2]《李朝太宗实录》卷9"太宗五年(永乐三年)三月壬子"条,第530页。
[3]《李朝太宗实录》卷15"太宗八年(永乐六年)二月丙戌"条,第192—193页。
[4]《(正德)明会典》卷176《钦天监》,《景印文渊阁四库全书》第618册,台北:台湾商务印书馆,1986年,第720页。

一、请历机制

上文引《(正德)明会典》提及颁历,意味着对于多数藩属国而言,颁历是基于朝贡。"常给者,惟朝鲜国",及至"琉球、占城等外国"前来朝贡,明廷才颁给"王历一本、民历十本",而这种情况,主要是在永乐—宣德时代。朝鲜使者进京频繁,一年朝贡数次,明廷能"常给",其他藩属国,数年朝贡一次,就不能以此种方式"常给"。

宗主国对藩属国的稳定颁历关系,需要持续颁赐《大统历》。明朝向藩属国持续颁历,大致存在两种情况:一是藩属国每年遣使进京领取,如朝鲜;二是由附近布政司印造颁给,如琉球、安南等国。

琉球之例,据《明英宗实录》记载正统二年(1437)六月事:

琉球国中山王尚巴志奏:"本国各官冠服皆国初所赐,年久圬弊,乞赐新者。"又奏:"本国遵奉正朔,而海道险阻,受历之使或半载一载方返。"事下行在礼部复奏。上以冠服可令本国依原降者造用,《大统历》其命福建布政司给与之。[1]

关于安南,可见《明实录》记载嘉靖二十一年(1542)十月事:

颁《大统历》于安南都统使司。仍命广西布政使司每岁

---

[1]《明英宗实录》卷31"正统二年六月癸亥"条,第610页。

印造,至镇南关颁给,着为令。[1]

明朝统治区域不可谓小,为便于全国及时授历,采用区域颁历体制,即钦天监负责供应直隶历日,各布政司则据朝廷发来历样自行印造,颁发本省。[2]对于某些藩属国,有时会采取就近原则,常由附近布政司提供。王历由朝廷印制,布政司仅颁给民历而已。藩属国获历品种、方式的差异,体现出明廷对其重视程度不同。

据《明神宗实录》记载万历四十八年(1620)二月事曰:

> 大学士方从哲奏:"礼部印信,自何宗彦去后无人署掌,今四个月矣。百事废弛,其大者如各王府名封、请婚,见在候题将三千位,节孝候题者百四十人,此皆皇上展亲之典,不容一日少迟者。此外,若朝鲜请历陪臣以候咨之故,留滞半年……"[3]

明神宗统治后期,久居深宫之中,不见大臣。臣属上奏,他不答复,各部院及地方官缺员,长期不补,请示报告,亦置之不理。礼部尚书之位空缺,诸政废弛,导致朝鲜请历使节留滞良久。据此可知,朝鲜每年向明朝领取《大统历》,常需遵循一套特定程序,经礼部印信履行手续。

徐学谟曾任职礼部,其文集收录《题颁降朝鲜国历日疏》,亦有助于今人了解这种请历例行程序:

---

[1]《明世宗实录》卷267"嘉靖二十一年十月癸巳"条,第5283页。
[2]参见本书第五章。
[3]《明神宗实录》卷591"万历四十八年二月丙子"条,第11343页。

祠祭清吏司案呈：奉本部送准朝鲜国咨，照得嘉靖三十七年（1558）大统历日，理宜奏请，为此移咨，请照验闻奏颁降施行。因送司案呈到部，查得朝鲜国每年奏请颁降历日，例给与一百本。今欲行，钦天监照例给与《嘉靖三十七年大统历》一百本，就合差来陪臣领回本国。[1]

盖朝鲜向朝廷请历之具体过程，经由祠祭清吏司、礼部、钦天监等部门。祠祭清吏司为礼部下属，执掌为"郊庙、群祀之典，及丧礼、历日、方伎之事"[2]，该司移咨，礼部查惯例，令钦天监照例给与使臣历日。

另据《李朝实录》记载嘉靖七年（1528）三月事，当时贺正旦使自北京归国，次日，国王传曰："昨日正朝使来，唐历及求请单子，其不赍来耶？"[3]唐历，即明《大统历》。由这条材料可知，当时朝鲜使者为领历事宜，专门备有"求请单子"。及至清代，朝鲜每年从清廷领历时，须向礼部呈递"历咨"或"请历咨"，[4]盖此种"求请单子"为清代"请历咨"之源。

两国史籍记载明廷颁历朝鲜事，通常仅曰《大统历》一百本，所指为民历百本，略去了单本王历。如成化二年（1466）四月，朝鲜国王李琠曾质询义禁府："正朝使通事朴枝，领受中朝《大统历》

---

[1]徐学谟：《徐氏海隅集·外编》卷3《题颁降朝鲜国历日疏》，《四库全书存目丛书·集部》第125册，济南：齐鲁书社，1997年，第259页。

[2]《（万历）大明会典》卷81，《续修四库全书》第790册，上海：上海古籍出版社，2003年，第434页。

[3]《李朝中宗实录》卷60"中宗二十三年（嘉靖七年）三月丁酉"条，第462页。

[4]石云里：《"西法"传朝考》（上、下），《广西民族学院学报（自然科学版）》2004年第1期、第2期。

一百一件，而礼部领受记录，《大统历》一百件、《七政历》一件"，要求查证。[1]朝鲜每年从明朝领取民历百本、王历一本，是为定制，盖礼部所记，仅为例行发放《大统历》百本而已。

　　上文提到的《七政历》，情况较为特殊。又据同年十月朝鲜观象监提调上奏："《七政历》，中朝每年印之。本国则进上一件外，不印出。星经相考时，凭考无据。请自今令典校署印二件，一件进上，一件藏于本监。"[2]观象监此时关注《七政历》，提出依明朝例刻印存档，事有蹊跷。而该年以前，《李朝实录》从未记载明廷颁发《七政历》，明廷当是该年首次颁《七政历》给朝鲜，笔者怀疑，或是四月份使者赍历回国后没有按规定上交，相关部门追回。当然，此观点仍有待更多材料印证。

　　朝鲜使节身居北京时间较长，前往礼部领历一事似乎并不紧迫。如权橃《朝天录》记载，嘉靖十八年（1539）七月底，朝鲜派遣冬至使任权、奏请使权橃前往明朝，这一干人等于十月十九日抵达北京。到了十二月初三日，朝鲜使团才派通事李应星前往礼部领回历书。[3]明廷为颁赐朝鲜历日，工部还每年例行打造木柜一个，以供携带历日之用，该柜与"装夷彩段木柜""五官诰命木柜""顺义王衣服木柜"等工料相同，木柜外面还加上毯套，"每毯一斤价银八分"[4]。纸质《大统历》一册仅十七八页，这一柜子百册历书体积不大，因此仅派一位陪臣前往礼部履行手续，领取物件即可。

[1]《李朝世祖实录》卷38，"世祖十二年（成化二年）四月庚戌"条，第137页。
[2]《李朝世祖实录》卷40，"世祖十二年（成化二年）十月己未"条，第164页。
[3]［朝鲜］权橃：《冲斋集》卷7《朝天录》，《韩国文集中的明代史料》第2册，桂林：广西师范大学出版社，2006年，第183—196页。
[4]何士晋：《工部厂库须知》卷11，《续修四库全书》第878册，上海：上海古籍出版社，2003年，第734页。

启、祯时代,中朝陆路交通断绝,朝鲜使节从海路转陆路抵达北京颇为不易。明廷为维持藩属关系,甚至会把《大统历》送到玉河馆。如朝鲜冬至使书状官申悦道《朝天时闻见事件启》记载崇祯二年(1629)二月十四日事迹:"在馆。礼部送历日一百一本,一本乃御览件也。"[1]那本"御览件",即是指王历。

朝鲜使者还有一个机会获颁大统历日,即是在每年岁末举行的颁历仪式上。大体上说,自成祖登基,明廷颁历时间为十一月朔日,至嘉靖十九年(1540)改为十月朔。[2]颁历仪式上,臣子朝谒皇帝,按地位高低之序排班,而藩属国使臣则列于僧官道士之后。[3]

二、李朝领历使节小考

李善洪考证提出,朝鲜自清顺治年间起,置有专门的领历官。[4]那么,明代顺带赍回《大统历》的朝鲜使者又是何种身份呢? 张升介绍说是"李朝每年冬至派冬至使(即受历使)到明朝来领取《大统历》"[5],李善洪也有类似认识。这种看法值得进一步讨论,因为李朝派遣冬至使年代较晚。

明清二代,朝鲜遣使赴中国,可分为定例使行与别行使节。定例使行是每年例行使节,如冬至使、正朝使、圣节使、千秋使等;别行

---

[1][朝鲜]申悦道:《懒斋先生文集》卷3,《韩国文集丛刊》第24册,首尔:景仁文化社,1996年,第58页。
[2]刘利平:《明代钦天监进呈历时间考》,《史学集刊》2009年第3期。
[3][朝鲜]郑士龙:《湖阴杂稿》卷2《朝谒》,《韩国文集中的明代史料》第2册,桂林:广西师范大学出版社,2006年,第467页。
[4]李善洪:《明清时期朝鲜对华外交使节初探》,《历史档案》2008年第2期。
[5]张升:《明代朝鲜的求书》,《文献》1996年第4期。

则是非定期使行,据实际事务需要临时派遣的使节,如谢恩使、奏请使、进贺使、陈慰使、进香使、问安使、辨诬使、进献使、告讣使等。[1]

有明一代,朝鲜有正朝使赍历者。如永乐十九年(1421)二月,朝鲜国"正朝使操备衡、曹致等回自京师,钦赐《大统历》一百本"[2]。前文引用《李朝实录》,也提到过成化、嘉靖年间正朝使赍历的事例。

明代正统、景泰、成化、弘治、嘉靖、隆庆、万历诸朝《实录》,记载朝廷例行赐给朝鲜使臣历日事务,今可考者有70余次,具体见本书附录2。从时间看来,明廷在十二月底,或正月赐历,估计是正朝使赍回历日的可能性较大。

《明英宗实录》记载朝鲜赍历使者多有姓名,其具体身份尚不明。今取《李朝实录》相应记载,两相参照,制表4-1,以便勾勒出行迹:

表4-1　《李朝实录》《明英宗实录》记载朝鲜赍历使者行迹对照表

使臣	《李朝实录》记载出发	《明英宗实录》记载	《李朝实录》记载返回
南宫启	正统元年(1436)正月十九日,"遣中枢院副使南宫启,谢赐胡三省《音注资治通鉴》",并进方物表。	正统元年三月十一日,"朝鲜国王李祹遣陪臣南宫启等来京谢恩,贡方物";同年十一月十二日,"赐朝鲜国王李祹《大统历》,命其使臣南宫启赍回"。	

[1]李善洪:《明清时期朝鲜对华外交使节初探》,《历史档案》2008年第2期。
[2]《李朝世宗实录》卷11"世宗三年(永乐十九年)二月癸丑"条,第684页。

（续表）

使臣	《李朝实录》记载出发	《明英宗实录》记载	《李朝实录》记载返回
李思俭	正统四年（1439）九月初三日，"遣同知中枢院事李思俭，如京师贺圣节"。	正统四年十一月十四日，"赐朝鲜国王《正统五年大统历》一百本，命来使李思俭赍与之"。	
高得宗	正统六年（1441）八月十三日，"遣中枢院副使高得宗，如京师贺圣节，上率群臣拜表如仪。"	正统六年十一月初八日事："命朝鲜使臣高得宗赍《大统历》一百本，及医方药味归赐其国王。"	
任从善	正统七年（1442）九月三十日，"遣礼曹参议任从善如京师，献种马五十匹。"	正统七年十二月十八日，"赐朝鲜国王李祹《正统八年大统历》百本，命陪臣任从善赍与之。"	正统八年（1443）三月初五日，"正朝使户曹参判赵惠、管押使工曹参议任从善等，回自京师"
李叔畤	正统八年八月二十七日，"遣议政府右参赞李叔畤，如京师贺圣节。"	正统八年十一月初七日，"颁《正统九年大统历》一百本于朝鲜国，命来使李叔畤领回给之。"	正统八年十二月十七日，"节日使右参赞李叔畤回到义州。"
朴墥	正统十年（1445）八月二十一日，"遣同知中枢院事朴墥，如京师贺圣节，世子率百官拜表于景福宫。"	正统十年十一月初七日，"赐朝鲜国王李祹《正统十一年大统历》一百本，命来使朴墥等领回给之。"	

（续表）

使臣	《李朝实录》记载出发	《明英宗实录》记载	《李朝实录》记载返回
金允寿	景泰四年(1453)十月初八日,"遣知中枢院事金允寿奉表如大明,贺正并谢恩。"	景泰四年十二月初八日事:"以明年《大统历》一百本赐朝鲜国王李弘暐,付陪臣金允寿赍回。"	景泰五年(1454)二月九日,"正朝使金允寿先遣通事全思立,将闻见事件启曰……"(案:此时使者自己未归,派人递交报告回国。)

就正统、景泰二朝而言,领历使者除正朝使之外,还有谢恩使、圣节使等,具体操作层面还是相当灵活的。

自嘉靖十年(1531)起,朝鲜应明朝要求,每年遣使贺冬至。[1]赍历之事,这才固定为贺冬至使兼行。前文提到权橃《朝天录》所记,嘉靖十八年(1539),朝鲜使团派通事李应星前往礼部领取历日,当是由冬至使任权赍回本国。

嘉靖二十七年(1538),崔演以冬至使赴北京,获得历日后,尝作诗《新历》三首。其二曰:

观天推测察玑衡,颁历从知大统明。万古惨舒天亦老,一年荣悴事多更。休嫌犬马添衰齿,长愿琴樽乐此生。行趁初春还故国,顺时平秩事农耕。[2]

[1] 李善洪:《明清时期朝鲜对华外交使节初探》,《历史档案》2008年第2期。
[2] [朝鲜]崔演:《西征记》卷3《新历三首》,《燕行录全集》第3册,首尔:东国大学校出版部,2001年,第251页。

冬至使领到历日时间为年末,赍历归国常常要到年后。崔演于次年正月返回朝鲜,序属初春,他还希望《大统历》能够对本国农事活动派上用场。

还有朝鲜使者赍历回国更晚的例子,如万历三十一年(1604)三月,贺冬至使金玏、副使金时献等自北京归来,奉明神宗敕文,国王亲迎于西郊。而《李朝实录》记载该日事务,内中一款记:"《大统历》一百本,来自天朝"[1],当是使者顺带赍回。

万历时代,朝鲜一度设立制度,据明朝《大统历》刊印本国之历,因此对冬至使赍历归国时间要求更为紧迫。

三、明使往颁

有些时候,朝鲜使者归国时间早于颁历,领取不及,明廷也曾特遣使节前往朝鲜颁赐。

正统元年(1436)元旦,朝鲜平安道监司上报曰:"舍人魏亨,赍颁赐历日而来"。此种情况实不多见,《李朝实录》解释说:"前此每年历日,授本国节日使以送,今节日使南智回还时,朝廷未及颁赐,故礼部奉圣旨,使亨追授南智,若不赶到,须直到王国交付,亨未及路上故来也"[2]。

查《李朝实录》,朝鲜于宣德十年(1435)八月二十四日,"遣刑曹参判南智如京师贺圣节"[3]。待到该年十二月二十一日,"圣节使南智赍敕,回自京师"[4]。又据《明英宗实录》记载,明廷于宣德

[1]《李朝宣祖实录》卷160,"宣祖三十六年(万历三十一年)三月甲子"条,第125页。
[2]《李朝世宗实录》卷71,"世宗十八年(正统元年)正月丁卯"条,第458页。
[3]《李朝世宗实录》卷69,"世宗十七年(宣德十年)八月癸亥"条,第442—443页。
[4]《李朝世宗实录》卷70,"世宗十七年(宣德十年)十二月戊午"条,第457页。

十年十二月初一日颁历天下,为何推迟到这时才进行呢? 史臣解释说,"故事:十一月朔进历,是岁日食,故移之"[1]。此次南智归期较早,不及领历。

　　正月初二日,国王李祹以吏曹参议崔致云为远接使,前往义州,迎接朝廷颁历使者魏亨。[2]随后,李祹下令为明朝颁历使者置"迎历日仪"。次日,礼曹乃确定仪式布设如下:

　　　　前期,有司设阙庭于勤政殿当中,南向,历日案于阙牌之南,舍人立位于历日案东北,西向。设殿下祗迎位于殿庭西阶下,东向。设拜位于露台上近北,北向(待舍人升殿乃设)。设王世子幕,次于勤政门外。随地之宜。设王世子以下群臣拜位于殿庭,文东、武西,中心为头,异位重行,俱北向。设通赞奉礼郎位于群臣拜位之北,俱东西相向,陈仪仗于殿庭东西。设乐部于群臣拜位之南,并如常仪。[3]

根据礼曹安排,朝廷颁历使者抵达之日,举行仪式过程如下:

　　　　其日,舍人奉历日将至,奉礼郎引群臣,金知通礼引王世子先就殿庭拜位。舍人至光化门外,判通礼导殿下,就西阶下祗迎位,舍人奉历日从中门入,殿下率王世子以下群臣躬身,过后平身。舍人升殿,开历日柜,布于案上。判通礼导殿下,就露台上拜位,判通礼启请五拜叩头,司赞唱:"鞠躬",五拜

[1]《明英宗实录》卷12,"宣德十年十二月戊戌"条,第215页。
[2]《李朝世宗实录》卷71"世宗十八年(正统元年)正月戊辰"条,第458页。
[3]《李朝世宗实录》卷71"世宗十八年(正统元年)正月己巳"条,第458页。

三叩头,平身。殿下率王世子以下群臣,乐作,五拜三叩头平身。乐止,礼毕。

仍设下马宴于勤政殿,殿下北壁,舍人东壁。[1]

明朝曾于洪武十八年(1385)定王国受历仪式,每年朝廷颁历仪式结束后,即遣使者颁历亲藩王府。其制,使者抵就藩地,"长史司官先启闻",王府"设香案于殿上",百官陪班。使者至王府,即行礼如下:

王常服出殿门迎接,使者捧历,诣殿上置于案,退立于案东。引礼引王诣前,赞四拜。赞跪。使者取历,立授王。王受讫,以授执事者,复置于案。赞王俯伏、兴,再四拜。礼毕。[2]

经过对照,可见朝鲜国所置仪式较之明廷授历王府仪式不尽相同,其过程稍显繁复。

数日后,舍人魏亨赍历抵汉城,国王李祹率世子以下文武群臣,"迎于殿庭如仪,上御正殿南向立,舍人就前行礼,上答拜,仍设宴于勤政殿,上北壁,舍人东壁。"[3]魏亨官职虽低,却是代表明廷,座位居尊,享受待遇较高。

明朝使节也有私人馈赠朝鲜国大统历日的。如嘉靖十六年(1537)三月,明使抵定州时,李朝官员金睿负责接待。据金氏上奏,交代迎来送往过程:

[1]《李朝世宗实录》卷71 "世宗十八年(正统元年)正月己巳" 条,第458页。
[2]《(正德)明会典》卷54《受历》,《景印文渊阁四库全书》第617册,上海:上海古籍出版社,1987年,第584页。
[3]《李朝世宗实录》卷71 "世宗十八年(正统元年)正月癸未" 条,第459页。

臣问安于天使后,仍以平壤图形簇子进呈,两使大喜称谢曰:"贤哉王也! 贤哉臣也! 作为此图,以赠远客,多谢多谢,以此为传家之宝也。"上使又曰:"俺等以何物而致谢乎? 将以一笔挥之以进也。"仍给臣以历书两部,副使又给臣历书二部,墨二笏也。[1]

这种情况,乃是使节以《大统历》作为回礼。

第三节　朝鲜的二历并行与趋同

由于中国历法知识多有外传,朝鲜、安南、日本等国,皆设有天文机构,掌握历法术文,可以自行推算编造历日。李朝君臣一方面秉持慕华、事大之策,诚心奉明正朔,另一方面又在国内自印历日,颁发民间。

一、李朝自制历日概况

李氏朝鲜初建时,曾定文武百官之制,其天文机构职官设置大体沿袭王氏高丽制度:

> 书云观,掌天文、灾祥、历日、推择等事。
> 判事二,正三品;正二,从三品;副正二,从四品;丞二、兼丞二,从五品;注簿二、兼注簿二,从六品;掌漏四,从七品;视日四,正八品;司历四,从八品;监候四,正九品;司辰

---

[1]《李朝中宗实录》卷84"中宗三十二年(嘉靖十六年)三月癸巳"条,第568页。

四,从九品。[1]

永乐十八年(1420),李朝参考明朝制度,"革掌漏四内二、视日四内二、司历四内二、监候四内二、司辰四内二。"[2]成化二年(1466),朝鲜改革官制,"书云观改称观象监,掌漏为直长,视日为奉事,监候为副奉事,司晨为参奉;革司历,增置判官、副奉事、参奉各一。"[3]正德元年(1506),燕山君一度"革观象监,降为司历(暑)[署]"[4],不久后又恢复。

李朝开国后,沿王氏高丽故例,自制历日颁发民间,常称为乡历,而称明朝所颁大统历日为唐历,或曰大明历。起初,朝鲜国自印历日由校书馆监印,天顺五年(1461)三月,阴阳学提调启曰:"历日之法,中朝秘之,冬至前不许颁行。今令校书馆监印,则非唯不密,书员、匠人任意私印,意为不可。请依旧例,令书云观掌之。"[5]获得批准,如明朝钦天监例施行。

明朝每年仅颁给朝鲜《大统历》一百本,远不足以分发全国上下,李朝只得自行印造敷用。但是朝鲜作为明朝藩属国,自作历日,而且还以"历"字为名,显然不妥。故宣德元年(1426)二月,国王李裪传示曰:"书云观自今历书毋用历字,以日课书之。且寒食并录日课,以为恒式。"[6]然而,这种"日课"特殊名称似乎并未持续多久,朝鲜后来仍以某年历书称之。

[1]《李朝太祖实录》卷1"太祖元年(洪武二十五年)七月丁未"条,第95页。
[2]《李朝世宗实录》卷7"世宗二年(永乐十八年)三月辛巳"条,第125页。
[3]《李朝世宗实录》卷38"世祖十二年(成化二年)正月戊午"条,第123页。
[4]《燕山君日记》卷63"燕山君十二年(正德元年)七月丁酉"条,第834—835页。
[5]《李朝世祖实录》卷23"世祖七年(天顺五年)三月丁未"条,第407页。
[6]《李朝世宗实录》卷31"世宗八年(宣德元年)二月戊辰"条,第471页。

　　崇祯十年（1638）五月，李朝礼曹启曰："观象监历书，曾以大明崇祯《大统历》印出矣，今更思之，似未妥当。请依壬辰（1592）以前例，不书天朝年号，以某年历书印出似当。大臣之意如此，敢禀。"[1]据此可知，朝鲜国印制历日曾出现过变化，在壬辰倭乱之前，曾以"某年历书"印出，其后则以"某年大统历"为名，至于变化原因，待下文详述。

二、应对明使

　　毕竟，明朝立严刑峻法禁止私造历日，洪武三十年（1397），朝廷还将"伪造制书、宝钞、印信、历日等"列为斩首诸罪头等，定为"决不待时"。[2]李朝长期私印历日颁发国内，当明朝使节前来时，朝鲜统治者如履薄冰，乃特意通知使者所经过诸郡县，要求隐匿乡历，并散发明朝官颁大统历日，以应付来使，下举三例为证：

　　天顺八年（1464）四月，国王李㻽传示黄海、平安道观察使曰："今送唐历，分于明使所经郡县。"[3]

　　成化四年（1468）三月，李朝"送唐历三件于京畿，五件于黄海道，九件于平安道，分付明使所经诸邑。"[4]

　　成化五年（1469）正月，朝鲜获讯明使又要前来，时《大统历》未至，而李朝自制历日已经颁发民间。承政院奉国王李晄之旨，驰书致平安、黄海、京畿等道观察使曰：

［1］《李朝仁祖实录》卷34"仁祖十五年（崇祯十年）五月壬辰"条，第230页。
［2］《（万历）大明会典》卷173《罪名一》，《续修四库全书》第792册，上海：上海古籍出版社，2003年，第114页。
［3］《李朝世祖实录》卷33"世祖十年（天顺八年）四月戊申"条，第25页。
［4］《李朝世祖实录》卷45"世祖十四年（成化四年）三月丁丑"条，第292页。

审此事目,以待明使:

一、明使到境,所在守令及差使员皆出迎,当宴亦宜奔走尽礼。

一、明使所过诸邑诸驿,涂窗户及壁,勿用书字纸,已涂者改。

一、明使若欲见历日,辞以唐历未来,勿见乡历。[1]

明代史籍中,笔者并未发现参劾朝鲜私制历日相关记载,盖李朝统治者以种种方式刻意掩饰,百般隐瞒,终于蒙混过关。

及至万历时代,日本丰臣秀吉数次出兵朝鲜,史称壬辰(万历二十年,1592)倭乱,明朝作为宗主国,多次遣师援助,并派员前去经略。万历二十六年(1598),明廷赞画主事丁应泰进驻朝鲜。他对李朝持有敌意,曾有本参劾朝鲜,略言李昖君臣与日本国交好,轻蔑明朝云云。此举引起了李朝的极大恐慌,经过多方上疏抗辩,"诬告朝鲜事件"才平息。一方面,李朝君臣对丁应泰切齿痛恨;另一方面,丁氏身为朝廷命官,李朝得罪不起,又不得不曲意奉承,背地里称为奸佞小人,并多加提防。

万历二十六年末,适逢朝鲜国即将颁发历书,《李朝实录》该年十一月十六日《备忘记》便记载了李朝君臣疚心之事。该日,李昖曰:"古者颁朔之礼至严,藩邦历书,私自撰出,不敢为之事。今丁应泰在此,历书颁布,无乃不可? 恐有意外之事,政院议启。"[2]君臣商议之后,乃确定解决方案,该年十二月二十二日《备忘记》,

[1]《李朝睿宗实录》卷3 "睿宗元年(成化五年)正月丁巳"条,第440页。

[2]《李朝宣祖实录》卷106 "宣祖三十一年(万历二十六年)十一月癸巳"条,第395页。

详细记载了李昖决策：

观象监启辞之意，不过欲用曾所印之件，乃为此未尽思之言也。中朝颁正朔于八荒，八荒之内岂有二历书乎？我国之私自作历，极是非常之事。中朝知之，诘问而加罪，则无辞可对。凡中朝之历，有踏印，其无印信者，皆私造。私造者，于律当斩，其捕告者，赏银五十两。今用唐历印出，则虽有诘之者可，以国内不能遍观，势不得已印出为辞，于理顺，吾何畏彼哉？若印出我国所作之历，则是不用中朝之历，而自行其正朔于域中也。观象监所称，欲洗补而仍颁者，假托之辞耳。我国人心，素慢不谨，累千部历书，其谁一一洗补？况昼夜时刻，仍存不改，人之见之者，必以为私作之历也无疑。自古天下地方，东西远近，各自不同，岂皆随其国，而必改其刻数乎？仍颁之令一下，或相取去，或相转卖，传布国中，无处不到。丁应泰方在国内，彼既与我有隙，吹毛觅疵，狺然而旁伺。万一得此历，而上奏参之曰："朝鲜自谓奉天朝正朔，历用大明历云，而有此私作之历，臣欺皇上乎？朝鲜欺天朝乎？愿陛下下此历于朝鲜，试问而诘之"云，则未审此时观象监提调当其责而应之乎。观象监久任者，赴京师而辨之乎？予实不敢知也。不但此也，深恐丁也，幸得往岁之历，以为自售陷人之地，予方凛然而寒心。其又益之以新历乎？历可废而祸不可测。予意我国所撰之历，决不可用也。

问于大臣。[1]

---

[1]《李朝宣祖实录》卷107 "宣祖三十一年（万历二十六年）十二月癸酉"条，第412页。

朝鲜国自印历日,已是长年惯例,问题是持有敌意的丁应泰当时身在国内,极有可能借此制造事端。李朝观象监曾提出应对方式,请求将本国已印乡历洗补历日名称,让后颁发民间。国王李昖认为洗补名称之策颇为不便,况且本国历日昼夜时刻内容不同于《大统历》,易被辨识,万一被丁应泰取证,据之上报朝廷,指控该国不奉正朔,后果将不堪设想,因此观象监之议被否决。

李昖提出对策,乃是计划放弃使用本国已印乡历,改为全部翻印明朝《大统历》。朝鲜自印历日以敷民用久矣,无论其自作乡历,或翻印《大统历》而无钦天监印,皆属违制之举。李昖认为,若使用自作历日,明朝据之诘问时,自己将"无辞可对"。于是二罪相较取其轻,打算遵守名分,更为稳妥地奉明正朔,并聊自慰籍,预备万一东窗事发时,再用"势不得已"向明朝托辞。

围绕来年历日事宜,朝鲜君臣展开多方商议。十二月二十五日,备边司启曰:

> 本国所撰之历,若被丁应泰标下人取看,则必有难处之事。伏睹《备忘记》下教之辞,至矣尽矣。今仍用本国之历洗补,而改印头终张颁布,事体未稳,诚如圣教。但历书有关于日用,若诿以势难,而不为印颁,则中外之人,无从得看。虽不得急速印出,而改印之举,则恐不可已也。壬辰年大驾在义州时,亦为刻板印颁历日。如得刻字人累名,昼夜开刊,则功役亦不至甚难。令该司,再加酌量处之何如?或以为:"丁应泰必于二月前入归,其后则虽如观象监启辞,只印头终张,而用前印之历不妨"云。敢此并禀。

　　备边司首先肯定国王之谕,以翻印《大统历》之举为妥。此外,又提出改易本国已印历日名称并非难事,建议刻印为之,同时又称丁氏不久后将回朝复命,不须过多顾虑。闻此启后,李昖乃传示曰:"木板急急开刊,我国所印之件,则唐将撤入后,观势量处。"[1]

　　万历二十七年(1599)初,丁应泰等归国。悬在自己头上的利剑就此撤走,李朝君臣终于长长舒了一口气。

　　二月初二日,国王李昖与群臣议政,论及颁历事宜。观象监提调李宪国提出:"颁历之法,祖宗朝则甚备。八道守令,尽为赐给,今则谨赐大臣矣。春节已晚,尚未颁历。前刊历书四五千卷,以丁应泰之故,如彼弃之。今则丁已入去,用之似无所妨。唐人我国历书,多数买去。丁欲作言,则不特今年历也。"[2]丁氏在朝鲜期间,李朝颁历民间事宜极为被动,仅部分高级官员受赐历日,八道皆未发放。待其归国后,颁历无后顾之忧,而去年所刊乡历,约有四五千卷,弃之亦为可惜。李昖对此仍心有余悸,命礼曹议之,君臣间对话如下:

　　　　沈喜寿曰:"丁之为人,邪气所钟,念之至此宜矣。若欲生病,岂无前日历书?"上曰:"然则用之可乎?"李德馨曰:"用之何妨?"尹斗寿、李山海曰:"唐将已去,用之宜当。"[3]

[1]《李朝宣祖实录》卷107"宣祖三十一年(万历二十六年)十二月丙子"条,第414页。
[2]《李朝宣祖实录》卷109"宣祖三十二年(万历二十七年)二月壬子"条,第432页。
[3]《李朝宣祖实录》卷109"宣祖三十二年(万历二十七年)二月壬子"条,第432页。

在臣僚的鼓动下,李昖考虑现实,仍将去年所刊乡历发放民间。而自此以后,李朝开始不再自行作乡历颁发。

三、自造"大明大统历"

为避免上次担惊受怕局面,李朝决定严格履行君臣之道,诚心奉明朝正朔。万历二十七年(1599),朝鲜准备据明朝《大统历》编制次年历日,但此举需要每年待使者从明朝携历归来,该国才能再据之刊行,颁发诸道。

据前文已知,使者常于岁末从明朝领取历日,抵达时间往往要到年后,如此一来,朝鲜国内使用来年历日必然受影响。为此事,李朝君臣有过专门商议。万历二十七年(1599)十二月十六日上朝时,政院启曰:"天朝历书颁赐前,我国历书,先为颁赐未安,事前有传教矣。今则至日过久,天朝已为颁历,各衙门无处不来,买卖的亦多载来,盛行街市之间,而我国历书,迄未颁布。若待冬至使出来后颁赐,则必至岁后,远方之民,不识节候早晚,不无耕农失时之患。历书颁赐,何以为之? 敢禀。"[1]明鲜两国唇齿相接,一衣带水,官方往来之外,民间亦有多种途径。时为岁末,已有商人携带官颁《大统历》来国内,故政院请求据之刊印,以便来年尽早颁发民间。

国王李昖乃传旨曰:"颁正朔,大事也。未颁之前,先为印布,似为未安。"[2]因朝鲜奉明正朔,当恪守人臣之礼,李昖之意,先为

---

[1]《李朝宣祖实录》卷120"宣祖三十二年(万历二十七年)十二月辛卯"条,第583页。

[2]《李朝宣祖实录》卷120"宣祖三十二年(万历二十七年)十二月辛卯"条,第583页。

印发历日于礼不合,故其意颇为谨慎,乃命礼曹集议。观象监支持政院之议,其启曰:"中朝则例于十月初一日颁布历书,使远近预知明年节候,故今者天朝各衙门,已为颁到,至于盛行于街市。冬至使亦已赍领登途,而特未到此。依政院该曹启辞施行无妨,敢禀。"[1]经臣下此般劝说,李昖才传示依启施行。

　　李朝君臣没有根据明廷颁赐的《大统历》翻印,内心有亏。因领历使者迟迟不复命,影响正朔颁布,李朝以此为大不敬,将之撤职,示为惩戒。万历二十八年(1600)二月,李朝司宪府奏曰:"冬至使韩德远、书状官赵翊,既为赍捧新历,则所当急急还朝,颁布正朔,而月余不复命,其慢忽不敬之罪大矣。请并命罢职。"[2]

　　天启七年(1627),明熹宗崩,八月二十四日,崇祯帝即位,改次年为崇祯元年,故次年历日须更改年号为崇祯,颁历日期因此推迟了一个月,到十一月朔日。[3]明廷《大统历》抵达之前,李朝已得知新帝登基改元事,故观象监为印造明年历日事启曰:"来[岁]戊辰(1628)历日,以天启八年,已令印出装潢矣。今因都督(毛文龙)书,始审嗣皇帝改明年为崇祯云。似当刊去天启年号,改以崇祯,而年号重事,以传书改易,事体未安,请姑仍前所印以进。"[4]这次,朝鲜国因未获正式通知,处理历日年号事宜不敢自作主张,仍以天启八年为名,由此可见李朝对待明朝正朔之审慎态度。

　　崇祯十年(1638),李朝观象监历书之名由《大明崇祯大统历》改

---

[1]《李朝宣祖实录》卷120"宣祖三十二年(万历二十七年)十二月辛卯"条,第583页。

[2]《李朝宣祖实录》卷122"宣祖三十三年(万历二十八年)二月己卯"条,第602页。

[3]第三章颁历分级制度对此问题有过详述,不赘述。

[4]《李朝仁祖实录》卷17"仁祖五年(天启七年)十一月辛未"条,第435页。

回"壬辰以前例",即题名为"某年历书"[1],具体缘由,待后文介绍。

四、李朝小历之传播

李朝长期自制历日,不免担心明朝发现,但如前所述,其实并无此种指控。前文引观象监提调李宪国之言:"唐人我国历书,多数买去。丁(应泰)欲作言,则不特今年历也。"[2]据此可知,明人在朝鲜国期间,也有购买李朝历日使用的现象。

启、祯年间,李朝自制历日还曾回传到明朝属地,甚至皇太极政权。

万历末年,明朝日益走向衰落,女真势力在白山黑水逐渐兴起。努尔哈赤领导建州部,统一东北,并建号称汗。万历四十六年(1618),努尔哈赤起兵反明,次年,萨尔浒之役大败明军,后金遂占据辽沈地区,并迁都于此。后金阻隔陆路交通后,明、鲜二国之间联系以海路传递。天启二年(1622)广宁之战,明朝又丧师失地,此后辽事日蹙,既无还手之力,亦乏招架之功。

是时,有明将毛文龙占鸭绿江口皮岛,建立根据地,招纳辽东逃亡汉人,声势渐隆。明朝特为其置东江镇,命毛文龙为总兵并挂都督衔,以此牵制后金。

天启五年(1625)正月时节,毛文龙致信求新年历书,李朝许之。《李朝实录》对此过程解释道:

> 诸侯之国,遵奉天王正朔,故不敢私造历书。而我国僻处

---

[1]《李朝仁祖实录》卷34"仁祖十五年(崇祯十年)五月壬辰"条,第230页。
[2]《李朝宣祖实录》卷109"宣祖三十二年(万历二十七年)二月壬子"条,第432页。

海外,远隔中朝,若待钦天监所颁,则时月必晏,故自前私自造历,而不敢以闻于天朝例也。都督愿得我国小历,接伴使尹毅立以闻,上令礼曹及大臣议启。皆以为:"若待皇朝颁降,则海路遥远,迟速难期,祭祀军旅吉凶推择等事,不可停废。故自前遵仿天朝,略成小历,以此措语而送之为便。"上从之。[1]

朝鲜私印历日,本属违制之举。东江镇孤悬海外,因求明朝《大统历》不得,致书李朝,求请小历。皮岛掣肘后金,为朝鲜屏藩,是故李朝对毛文龙大力支持,肩负起明廷颁历职责。

天启七年(1627)十一月,毛文龙再次"以海路阻绝,不得见新历,要得本国历书二册",国王李倧"令观象监印送"。[2]

早在公元11世纪,女真人就有从王氏高丽获得历书的先例,如《高丽史》记载,高丽显宗二十一年(1030,北宋天圣八年)四月,"铁利国主那沙,遣女真计陁汉等来,献貂鼠皮,请历日,许之"。[3]女真人这次未必就是前去求历,但高丽向周边少数民族提供历书,当是不争事实。

皇太极天聪时代,开始从朝鲜获取历书,其途径主要有两种:或是后金使者向朝鲜求历,或是后金向朝鲜使节求历,皆由观象监供给。

如《承政院日记》记崇祯八年(1635)正月初四日事云:

崔葕以句管所言启曰:"金差等使差备译官等言于臣等曰

[1]《李朝仁祖实录》卷8"仁祖三年(天启五年)正月壬戌"条,第173页。
[2]《李朝仁祖实录》卷17"仁祖五年(天启七年)十一月癸酉"条,第435页。
[3][朝鲜]郑麟趾:《高丽史·世家》卷5《显宗二》,《四库全书存目丛书·史部》第160册,济南:齐鲁书社,1995年,第123页。

'愿得历书四五件'云。依前例令观象监觅给之意,敢启。"传曰:"依启。"[1]

金差,即后金使者,他们通过备译官传递索取历书的要求,这当是没有正式公文的私人活动。朝方既言"依前例",就意味着此前已有此惯例存在。

后金天聪汗十年(1636年,明崇祯九年,丙子岁)四月,皇太极称帝,国号大清,建元崇德。朝鲜最初对此坚决抵制,双方因此步入战争边缘。这时,皇太极政权还需要向朝鲜索取历书。据《李朝实录》记载,该年八月,秋信使朴篆曾赴沈阳,十一月中旬归国后,朝鲜准备再次派遣其出使,十二月初一日,备边司启"今闻朴篆之言,曾往沈阳时,自汗以下,多求历书,欲得四五件以去云,令观象监给送似当"[2],随即获准。在此情形下,朝鲜仍向清方输送历书,李氏君臣倒可以获得文化心理上的优越感。

第四节　《大统历》对朝鲜历政的影响

颁历朝鲜,对于明朝而言,只是藩邦事务,在李朝,则是国之要政。朝鲜国既受明廷颁降《大统历》百本,常以之颁赐群臣,如万历元年(1573)正月,国王李昖"赐唐历于公卿宰、三司长官、承旨等"。[3]对于李朝君臣而言,这是比本国小历更为权威的版本。

---

[1]《承政院日记》,崇祯八年正月乙卯,首尔:韩国国史编纂委员会,1961年,第3册,第47页。
[2]《李朝仁祖实录》卷33,"仁祖十四年(崇祯九年)十二月辛未"条,第195页。
[3]《李朝宣祖实录》卷7"宣祖六年(万历元年)正月己亥"条,第85页。

有明一代,大统历日持续传播朝鲜,对其国家历法相关事务产生了深远的影响。

一、据《大统历》考校正误

朝鲜使者于岁末在明朝领取《大统历》,赍历抵达王京,常常是次年年初。因本国历日造成时间较早,故李朝常以明朝《大统历》内容为准,参验本国所造历日,论其优劣。

如永乐八年(1410)四月,朝鲜国因朔日推步问题,惩处天文官员。据《李朝实录》记载事件过程如下:

> 塘生为术者,推步今岁历日,以甲子为十二月朔日,及朝廷颁降《大统历》至,则乃癸亥日也。下司宪府,劾问塘生推步差误之失,塘生辞以“十一月朔大小,与前算例不同,故质疑于判事李齐茂、正艾纯、副正林乙材,定以甲子日为朔,出草以告兼正崔德义,德义手自校正,然后投进。”[司]宪府论塘生及齐茂等五人之罪,请收职牒,鞫问其罪,上下塘生等五人于巡禁司核之。巡禁司启:“塘生既不能自定,质疑于四人,四人皆以从明文为对,更不推算,以致错误,厥罪惟钧。”上曰:“失误天时,罪固不小,然不可尽贬。”只流塘生于外,余皆三日而释之。[1]

流放柳塘生事件,开朝鲜国据《大统历》惩处天文官员之先河。自此以后,李朝类似举动颇为常见。

---

[1]《李朝太宗实录》卷19“太宗十年(永乐八年)四月壬寅”条,第630—631页。

如永乐十五年（1417）十二月，李朝义禁府囚前书云观副正赵义珣，其缘由为"以《大统历》校本朝历，有差误处故也"。[1]

及至明代后期，朝廷颁降《大统历》抵达后，李朝甚至据之考校本国历日漏字、误字等。又如万历十一年（1583）二月时，李朝"以历书多有误错处，修述官等，诏狱推之"。[2]

又如万历二十二年（1594）三月，李朝司谏院启曰："历象莫重之事，修述之际，所当十分敬谨，无有一毫之差误。而今年历书，考准钦赐之历，则漏落及误字，非止一二处，极为骇愕。请命拿推。"[3]

二、据《大统历》择吉行事

古人使用历日，其重要功能为择取吉日良辰。李朝自制小历也是具注历日，依中原之例，其中注有选择活动宜忌事项。明朝大统历日输入朝鲜后，李朝君臣对此极为重视，常常据之择吉。此种历史现象，还可以参照存世大统历日，进行印证。

据《李朝实录》记载，正统十一年（1446）七月十七日，适逢王室出殡，该日风雨虽止，江水犹泛滥溢出。因历家有不宜乘船渡水之说，故梓宫至辰时仍未发。国王李祹据《大统历》未载"乘船渡水"宜忌事，遂遣人谓："今日雨晴，虽曰不宜乘船渡水，然唐历无此忌，渡江如何？"[4]于是棺椁乃发，前往陵地，一切顺利进行。今

[1]《李朝太宗实录》卷34"太宗十七年（永乐十五年）十二月戊申"条，第596页。
[2]《李朝宣祖实录》卷17"宣祖十六年（万历十一年）二月己亥"条，第220页。
[3]《李朝宣祖实录》卷49"宣祖二十七年（万历二十二年）三月癸卯"条，第43页。
[4]《李朝世宗实录》卷113"世宗二十八年（正统十一年）七月癸未"条，第517页。

取考《大明正统十一年岁次丙寅大统历》，该年七月十七日所注行事宜忌为"不宜出行、栽［种］、针刺"，[1]可见李裯的处理方式相当灵活。据本书第三章所论，明初历日中，宜忌事项有"乘船渡水"，而洪武二十九年（1396）钦定《大统历》历注制度，没有此项内容，看来朝鲜历家还是采用早期的术数系统。

　　明朝所颁《大统历》，甚至影响到朝鲜国世子冠礼之举行。又据《李朝实录》记载，嘉靖元年（1522）八月初一日，李氏君臣商议世子冠礼、入学等事举行时间，其提及观象监择日："十月则十九日，冠礼吉日，二十五日入学吉日。"[2]今考《大明嘉靖元年岁次壬午大统历》，该年十月十九日，冠礼吉日，十三日、二十五日为入学吉日[3]，因入学当行于冠礼后，是故有此建议。

　　嘉靖十八年（1539）三月，诸臣启曰："进贺使来十六日发行，而考其日则非吉日也。观象监择日，虽不以历书，而赴京之行，不可以不吉之日而发遣也。且若遇天使于东八站，则凡一应干粮驮载，皆不得隐矣。中朝常以我国为买卖而往来云。若遇于我国之境内，则可以异路，而使不得见矣。请依初择日发送（二十日也）

---

［1］北京图书馆出版社古籍影印室编：《国家图书馆藏大统历日汇编》第1册，北京：北京图书馆出版社，2007年，第18页。

［2］《李朝中宗实录》卷45，中宗十七年（嘉靖元年）八月甲戌，第718页。《李朝实录》记载讨论过程，礼曹判书洪淑、参判金安老、参议李世贞奏曰："世子冠礼，命以九月择日。九月无吉日，而考观象监《大统历》，冠带当用孟、仲朔，而季月则有妨……"核查《国家图书馆藏明代大统历日汇编》，并无此种规则，颇疑此处史料传抄有误。而国王李怿传曰："冠礼有妨季月之语，虽著在古书，然周成王犹于六月行之，则其余术家之说，不足信也。"如李怿所言，冠礼季月有妨，当源自某部古代典籍记载，"观象监《大统历》"之语或为误植。

［3］北京图书馆出版社古籍影印室编：《国家图书馆藏明代大统历日汇编》第2册，北京：北京图书馆出版社，2007年，第19、23、24页。

何如？且谢恩使（颁诏谢恩）一员差出矣，考前例，则正副二使往矣。一则为皇帝谢恩，一则为太子谢恩也。预先差出，使之治装何如？未宁之时，如此启达，实为未安，及时事故敢启。"[1]获准施行。今考《大明嘉靖十八年岁次己亥大统历》，三月十六日，出行、移徙不吉[2]，诚如其言。

　　嘉靖三十六年（1557）四月，国王李峘传旨曰："今月二十五日军士点考后，二十六七日间，亲阅即当为之。而此两日，适值国忌，故二十八日为之事，已言之矣，更思之，则二十八日，历书内不宜出行云。举动岂必为于不宜出行之日乎？二十九日，依前例日出时动驾可也。"[3]今考《大明嘉靖三十六年岁次丁巳大统历》，四月二十八日下注有"不宜出行"，[4]可为印证。

　　以上数例，颇可见《大统历》对李朝上层人士择吉行事之影响。

三、据《大统历》增削历注

　　明洪武朝钦定《大统历》，其形制固定，长期不变。明朝颁历李朝，李朝君臣使用，《大统历》历注制度遂自上而下，逐步对乡历进行渗透。

　　天顺元年（1457）三月，书云观据《大统历》考校其自作历日，略云：

---

[1]《李朝中宗实录》卷89 "中宗三十四年（嘉靖十八年）三月戊寅"条，第98页。
[2]北京图书馆出版社古籍影印室编：《国家图书馆藏大统历日汇编》第2册，北京：北京图书馆出版社，2007年，第374页。
[3]《李朝明宗实录》卷22 "明宗十二年（嘉靖三十六年）四月戊申"条，第158页。
[4]北京图书馆出版社古籍影印室编：《国家图书馆藏大统历日汇编》第3册，北京：北京图书馆出版社，2007年，第12页。

今详丁丑年唐历及乡历,唐则七月十九日为末伏,八月十五日为望;乡历则七月九日为末伏,八月十六日为望,相违如此,故更考《历要册》云:"立秋后一庚为末伏。"若立秋日庚,则以立秋日为末伏。今年七月九日庚午子正一刻立秋,故以是日定为末伏。《内篇法》云:"定望分,在日出分已下,退一日定望。"今八月望,则在日出分已上,故以十六日定为望。[1]

今取考丁丑年(1457)历日,即《大明景泰八年岁次丁丑大统历》[2],七月十九日为末伏,八月十五日为望,诚如其言。当时,书云观仍据《历要册》《内篇法》等,坚持旧制,故国王李琈乃命礼曹参考以闻。

及至该年四月,礼曹经与阴阳学提调议后,乃启曰:

唐历及乡历相违处,与阴阳学提调参考诸书云:"伏者阴气将起,迫于残阳,不得上升,为藏伏。立秋金代火,金畏火,故庚日必伏。庚者金也,其日夏至后第三庚为初伏,第四庚为中伏,立秋后初庚为末伏。无立秋日庚,则以立秋日为末伏之语。"今书云观依《历要》,以立秋日庚为末伏。然《历要》乃书云观传授私记,多有舛错,曾下旨勿用。而书云观据以参定,可以治罪,事在赦前,姑置勿论。定望则日出入随处各异,故八月定望分,中朝则在日出分已下退一日,本国则在日出分

---

[1]《李朝世祖实录》卷7"世祖三年(天顺元年)三月乙酉"条,第137页。
[2] 北京图书馆出版社古籍影印室编:《国家图书馆藏大统历日汇编》第1册,北京:北京图书馆出版社,2007年,第244、246页。

已上不退,故定望不同。请望则依乡历以十六日,伏则依唐历,以十九日为定,颁行中外。[1]

礼曹力斥书云观陋见,并举其所用《历要册》之疏舛。经过折中,李朝乡历之中,伏日据《大统历》,望日仍依旧例,最终获准施行。

李朝统治者阅《大统历》后,常为两国历注不同而质询责任部门。如成化十年(1474)六月,国王传示司宪府曰:"今考甲午年本国历与唐历有异。三月二十九日,唐历载会亲友,而本国历不载,闰六月下弦,唐历载于二十二日,本国历载于二十三日,八月十八日,不载日入时。其推鞫观象监官吏以启。"[2]

成化十一年(1475)六月,观象监依上意,请以《大统历》例订正本国作历,获准施行。今引述其具体内容如次:

考各年唐历,于乡历可添可削之条,悉录于后:

立春正月节,丙子开,启攒,乙巳平,平治道涂。

惊蛰二月节,癸酉破,祭祀,乙酉破,癸巳、丙申执,捕捉,丁酉破,祭祀,癸卯建,出行,乙巳满,经络,丁未定,出行,己酉破,祭祀,辛酉破,祭祀,辛亥成,裁衣,癸亥成,疗病。

清明三月节,甲子成,竖柱上梁,丙寅开,启攒,戊辰建,出行,壬申定,安葬,甲戌破,祭祀,癸卯开,破土、启攒,丙午满,出行,壬子成,破土、启攒,辛酉执,安葬。

---

[1]《李朝世祖实录》卷7"世祖三年(天顺元年)四月辛亥"条,第144页。
[2]《李朝成宗实录》卷43"成宗五年(成化十年)六月己未"条,第384页。

立夏四月节,丁亥破,祭祀、破屋毁垣。

芒种五月节,丙寅(戌)[成],破土、启攒,壬申满,经络,庚申满,出行。

小(署)[暑]六月节,辛未建,出行,壬申除,破土、安葬,丙子执,破土、启攒,癸未建出行,庚寅危,立券,乙未建,出行,癸卯成,启攒,丁未建,出行。

立秋七月节,丙寅破,破屋毁垣,甲申建,出行,庚申建,出行。

白露八月节,癸酉满,出行,甲申闭,出行,辛卯破,祭祀,丙申闭,破土、安葬,丁亥建,出行,乙卯破,祭祀。

寒露九月节,丙寅定,竖柱上梁,丁卯执,破土、启攒,甲戌建,出行。

立冬十月节,辛卯定,破土、启攒,甲午危,破土、启攒,己亥建,出行,乙巳破,祭祀,辛亥建,出行,乙卯定,破土、启攒,丁巳破,祭祀。

大雪十一月节,(内)[丙]寅满,启攒,壬申成,安葬,壬午破,祭祀,甲午破,祭祀,甲寅满,出行,乙卯平,剃头,戊午破,祭祀。

小寒十二月节,丙寅除,破土、启攒,壬申危,安葬,庚辰平,嫁娶,壬午执,安葬,辛酉成。

不宜移徙等条,各年唐历皆有之,于今年乡历,添注何如?

立春正月节,庚午定,不宜动土,丁丑闭,不宜栽种,己丑闭,不宜栽种。

清明三月节,乙丑收,嫁娶,丁卯闭,移徙,丁丑收,嫁娶。

立夏四月节,乙酉定,嫁娶、天地离、狼藉、吟神、红(沙)[纱]杀,丁酉定,嫁娶、天地离、良藉、吟神、红纱杀。

芒种五月节,庚午建,上官、建日忌,戊寅成,竖柱上梁、大杀日,壬午建,上官、建日忌,甲申满,上官、满日忌,庚寅成,竖柱上梁、大杀日,甲午建,上官、建日忌,壬寅成,竖柱上梁、大杀,戊申满,上官、嫁娶、满日忌、上官雌忌、嫁娶,甲寅成,竖柱上梁、大杀日,戊午建,上官、建日忌,庚申满,上官、满日忌。

立秋七月节,癸亥平,平治道涂。

白露八月节,丁卯破,破屋毁垣,乙亥满,上官、满日忌,癸巳成,嫁娶、天雄、吟神、红纱杀。

大雪十一月节,甲子建,上官、建日忌,己巳执,嫁娶、离巢、吟神,丙子建,上官、建日忌,戊子建,上官、建日忌,庚子建,上官、建日忌,壬子建,上官、建日忌,丁巳执,嫁娶、离巢、吟神。

小寒十二月节,丁卯满,上官,己卯满,上官,辛卯满,上官,癸卯满,上官。

已上四日,满日忌等条,于唐历皆无之,于乡历削去为便。且入节时刻,或早或晚,吉凶用事,甚为未便。今后子正以后日出以前入节,则乃用来朔节气。日出以后子正以前入节,则前后两节相考。具注抽出,用之何如?[1]

此次历注变动,乡历诸多宜忌事宜,或添、或削,涉及较大。这是明代《大统历》对朝鲜官方选择术数文化影响最为显著的一次。

---

[1]《李朝成宗实录》卷56"成宗六年(成化十一年)六月己卯"条,第507—508页。

万历二十八年（1601）正月，李朝乡历又有所变化：

> 李尚毅启曰："历书事，更招日官，考出历法，则腊日，中国以戌日为之，而我国则以未日为之，必有深意于其间。如日出入昼夜刻数等事，地偏东方，有不得不然者。要之不害于敬授人时，而腊法不同，则恐乖大一统之义。伏见唐历，无寒食、腊日并刻书头之例，就我国历，去此二段以送之何如？彼虽私见于间阎，自此送之，似不可不审。敢禀。"传曰："依启。"[1]

今案，明朝大统历日之中，不注寒食、腊日，此与朝鲜乡历不同。这次变更，依唐历，去除此二项。关于历书中所注昼夜时刻数据，实有指导漏刻改箭之功用[2]，涉及技术因素。彼时代明《大统历》昼夜时刻一项采用南京数值[3]，而朝鲜地处东北，太阳出入时间与南京差距较多，若照搬《大统历》昼夜时刻体系，会导致时间计量方面产生较大误差，此项只得根据朝鲜当地实际情况，保持了一些独立性。

第五节　明朝颁历朝鲜之后续影响

后金天聪元年（1627），皇太极出兵朝鲜，攻入其国内，是为

---

[1]《李朝宣祖实录》卷121 "宣祖三十三年（万历二十八年）正月丙辰" 条，第590页。

[2] 汪小虎：《敦煌具注历日中的昼夜时刻问题》，《自然科学史研究》2013年第2期。

[3] 汪小虎：《土木之变与明代〈大统历〉昼夜时刻的变更》，《华南师范大学学报（社会科学版）》2012年第2期。

"丁卯之役"。李朝战败后,被迫改变敌对态度,两国约为兄弟之国,后金用天聪年号,然李朝仍坚持使用明天启年号。[1]

清崇德元年(1636),即明崇祯九年,皇太极采用汉制,称帝建元,朝鲜坚决不予承认,引来清朝大军征讨,是为"丙子之役"。李朝屡战屡败,终不能敌,被迫订立城下之盟,归为藩属,自此朝鲜官方奉清正朔,纳质入贡。

然皇太极政权尚未制历颁行,去年甚至还向朝鲜索取过历书。归附清后,李朝自印历书又面临正朔问题。清崇德二年(1637)五月,礼曹启曰:"观象监历书,曾以《大明崇祯大统历》印出矣,今更思之,似未妥当。请依壬辰以前例,不书天朝年号,以某年历书印出似当。大臣之意如此。敢禀。"[2]获准施行,自此,历书又不署年号,用干支。

李朝部分大臣,如左议政崔鸣吉等对此举颇为不安,担心清朝责问,乃曰:"彼若索观象监历书,则何以处之? 臣则以为,以丁丑书之,而不书其年号,则彼必生怒。以若干件,书其年号,而送之似当。但此非诚实,殊可虑也。"[3]

该年八月,备局启曰:"历书规式,今当改印。而臣等更思之,则东莱等邑,独用前式,非但事体未妥,闾阎之私印,商贾之赍往者,势虽禁断,彼此异式,必致疑讶。臣等之意,国用及两界、黄海道颁送者,则皆用新式。下四道及倭馆所送者,则仍用旧式似当。"

---

[1] 孙卫国:《大明旗号与小中华意识——朝鲜王朝尊周思明问题研究(1637—1800)》,北京:商务印书馆,2007年,第228—230页。

[2]《李朝仁祖实录》卷34 "仁祖十五年(崇祯十年)五月壬辰" 条,第230页。

[3]《李朝仁祖实录》卷35 "仁祖十五年(崇祯十年)七月丁亥" 条,第238页。

国王李倧曰:"京畿亦以新式颁送。"[1]其对策颇为审慎,盖如先期为明朝藩属时之故例,以此应付清廷。

直到崇德二年(1637)十月朔,皇太极政权才首次颁行满洲、蒙古、汉三种文字的历书[2],并赐朝鲜。此后,清朝每年按例颁给李朝历日。据满文档案记载崇德三年(1638)十月朔日颁历事宜,清朝给"众外藩王、朝鲜国王、王之诸子"历书各一部。[3]又据《李朝实录》记载,崇祯十二年(1639)十月,李朝受"清国颁新历一百部"。[4]

清初颁历日,李朝曾对其内容进行过特别考校。如崇祯十二年四月,李朝"承旨沈諎以清国所颁历书大小月差异,请令历官参考《时用通书》,算定节候"。[5]国王李倧遂命观象监考校,据该监启曰:

> 臣等春初见清国历书,与本国所印,有异同处,即令本监官员再行推算,知其不差,然后启闻矣。厥后又见《时用通书》,今年大小朔,恰与清国相符,臣等又不能无疑。令本监官员收聚旧历,得丙辰以后、甲戌以前唐历及我国历书,亲自考阅,唐历与我历则少无参差;《时用通书》则不但大小月多不同,至于闰朔亦异。唐历与《时用通书》,俱出中朝,而如是

---

[1]《李朝仁祖实录》卷35"仁祖十五年(崇祯十年)八月甲辰"条,第240页。

[2]《清朝文献通考》卷256《时宪》,《文渊阁四库全书》第638册,台北:台湾商务印书馆,1986年,第3页。

[3]季永海、刘景宪译编:《崇德三年满文档案译编》,沈阳:辽沈书社,1988年,第219—220页。

[4]《李朝仁祖实录》卷39"仁祖十七年(崇祯十二年)十月甲午"条,第325页。

[5]《李朝仁祖实录》卷38"仁祖十七年(崇祯十二年)四月壬子"条,第309页。

各异。意者，钦天监所刊之历，乃历年推算，宜益精审无差；至于《时用通书》，不但大小月多不同，闰朔亦异。此则出于冒禁私撰，而将前头各年预先推算，其势易于差误，有不足取信。而清国未必真得钦天[监]推算之法，或就《时用通书》中已成之法，刊成此书，以致违误。今当一以钦天监所颁旧历为准。[6]

该年清历与李朝作历内容有异，观象监坚称本国历经验算无误，及考清历之源，谓其或出自明朝《时用通书》；又称，经考订往年《大统历》后，以李朝历日与少有参差，而《时用通书》易错，不足据。观象监提出清人制历仅凭《时用通书》，未得真传，而明朝钦天监制历精审，建议制历以之为准。此议颇具崇明贬清之意，这正是朝鲜人内心向对的反映。

那么，实际情况如何呢？李朝在顺治五年（1648）时曾讨论过清颁历日之性质："取考丁丑（清崇德二年，1637）历书，乃是丙子（1636）印出大明所颁降者，而其法无异于我国之历，清国在沈阳时所送历日，大概相同。"[7]经考证发现，清入关前所颁之历，实以《大统历》历法编造，名称亦为"大统历"，内阁大库藏有《大清崇德六年（1641）大统历》残页，可以印证其说。[8]

明朝本来就是朝鲜倾慕向往的中华正统，又在壬辰倭乱期间对其有再造邦国之恩，这让李朝君臣心中感念不已。明亡之后，朝鲜得此消息，举国悲痛下泪。有清一代，朝鲜国人之文化心态，常

---

[6]《李朝仁祖实录》卷38 "仁祖十七年（崇祯十二年）四月甲寅" 条，第309页。
[7]《李朝仁祖实录》卷49，"仁祖二十六年（顺治五年）闰三月壬申" 条，第577页。
[8] 汪小虎：《清入关前颁历授时史事考》，《史学月刊》2018年第4期。

以明朝为中华,清朝为夷狄,认为朝鲜应该始终如一地忠于明朝,甚至计划过"反清复明"行动。故李朝虽归附为清藩属国,表面上行人臣之礼,极为恭敬,内心底却是对之痛恨入骨,背地里常称清朝为虏,称清帝为胡皇。朝鲜国内追思明朝情绪强烈,李朝官方文书中,虽被迫用清朝年号,但有时也会沿用崇祯年号,至于私人文书,使用崇祯年号情况极为普遍,常称"崇祯后几年",以示为明朝遗臣。朝鲜国内祭祀、修撰史书、墓志铭、祭文之中,一律使用大明崇祯或永历年号。[1]

朝鲜国内长期遵奉明朝正统,在此种"尊周思明"情绪影响之下[2],明朝先前的颁历之举,逐渐成为李朝君臣值得追忆的恩典,如《李朝实录》记载乾隆二十七年(1762)国王李昑事迹:

> 上御崇政殿,行望拜礼。上曰:"今日乃高皇帝忌日也。高皇帝以大德,享寿七十二岁,我太祖寿亦七十四岁。丁丑(1637)南汉下城时,崇祯皇帝召我国使臣谓曰,'闻汝国下城云,势固然矣。'仍颁皇历慰谕,予何日忘皇朝之恩乎?仍顾谓翰林尹塾曰:'汝之五代祖,死节于丙子之乱,故予特命追荣教旨,不书清国年号,只书年月,以表其节义,今日下询,亦有意也。'"[3]

---

[1] 孙卫国:《大明旗号与小中华意识——朝鲜王朝尊周思明问题研究(1637—1800)》,北京:商务印书馆,2007年,第234—243页。

[2] 朝鲜"尊周思明"问题,可参见孙卫国的专题研究。孙卫国:《大明旗号与小中华意识——朝鲜王朝尊周思明问题研究(1637—1800)》,北京:商务印书馆,2007年。

[3]《李朝英祖实录》卷99"英祖三十八年(乾隆二十七年)五月癸卯"条,第536页。

　　李昑带有强烈的思明情绪,其生平作有多首"感皇恩"诗歌。如乾隆三十八年(1773)所作之《御制忆皇恩》,即对明廷施恩朝鲜之点滴举措加以追忆,其中就有上文崇祯帝"颁历慰谕":

　　　　忆皇恩,忆皇恩,慰谕颁历是皇恩![1]

　　明朝先前颁赐朝鲜之《大统历》实物,常被视作故国遗物,为李朝君臣所珍视,日渐成为情感寄托对象。如乾隆二十一年(1756)时,国王李昑"诣皇坛,亲阅崇祯甲申(1644)所颁皇历,就末张亲写以记"。[2]皇坛即大报坛。而这本皇历,实际上是明朝对朝鲜最后一次所颁之历——金堉携归之《大明崇祯十年大统历》,目前藏于韩国首尔国立大学奎章阁。

　　有明一代,颁历朝鲜二百余年。明亡之后,李朝表面上对清朝恭敬,内心里却是采取反清、贬清之策。在李朝"尊周思明"意识形态的左右之下,明朝颁历藩属国的实际影响已经大大超出了其题中应有之意义。

本章小结及余论

　　东亚"朝贡体系"中,明廷为履行宗主国权力,从政治层面对藩属国施加影响,颁历授时即是重要体现形式之一。

---

[1]转引自孙卫国:《大明旗号与小中华意识——朝鲜王朝尊周思明问题研究(1637—1800)》,北京:商务印书馆,2007年,第132—133页。
[2]《李朝英祖实录》卷87"英祖三十二年(乾隆二十一年)五月壬午"条,第353页。皇坛即大报坛。这本皇历,其实是奎章阁所藏《大明崇祯十年大统历》,乃明朝对朝鲜最后一次所颁之历。

　　明廷与李氏朝鲜颁历关系之建立，基于前代宗藩体制惯例。明之初兴，朝廷为谋求政权的合法性，积极联络周边国家，高丽即归为藩属，朝廷开始颁赐《大统历》，后因局势动荡、权力交替等特殊情况，一度对李朝停颁历日。成祖夺位后，统治合法性基础脆弱，对外邦大加笼络。永乐初年，明廷对朝鲜的颁历关系形成定制。

　　两国的颁历关系，存在一个长期的持续过程。朝鲜使者每年岁末兼行奉咨向礼部请历，经核准后，钦天监才发给王历一本，民历一百本，由使者赍回本国。较之琉球、安南等国，朝鲜在获历方式、品种等方面待遇较高，体现出明廷对其重视程度。宗主国也会努力维持这种颁历关系：若朝鲜使者未及领历而返，明廷也会派人颁给；及至崇祯时代，礼部甚至主动将历书送到玉河馆。

　　颁历关系的实质，是宗主国、藩属国之间的颁正朔、奉正朔问题。朝鲜长期秉持慕华、事大之策，诚心奉明正朔。然而明朝颁历百册，远不敷用，李氏只得自印历日，形成国内二历并行的局面。私造历日之事为明朝所禁止，朝鲜唯恐小历被发现，审慎应对明廷来使，常事先在明使经过道途布置《大统历》，以备查看。壬辰倭乱期间，明朝官员进驻朝鲜，李氏君臣颇为造历事宜费神，直待明将丁应泰离开，才放心印行。藉此事后，朝鲜为表示诚心奉明正朔，自编历日在名称上也与明朝保持一致，即"大明某年大统历"。朝鲜甚至会暂替明朝，对东江镇履行颁历职责。

　　明廷颁历朝鲜二百余年，对该国历法相关事务产生了重要影响。李氏君臣常据《大统历》内容考校本国造历之正误，且据《大统历》之历注择吉行事，还据《大统历》修订本国历注，两国历日内容逐渐趋同。

　　明廷颁历朝鲜还在两国宗藩体制结束之后发挥了深远影响。朝鲜被迫归为清朝藩属后,仍对明朝怀有深刻感念,尊奉其为正统,又推崇《大统历》,极力贬低清历地位。明廷先前的颁历之举,成为李氏君臣追忆的恩典;《大统历》实物,常被视作故国遗物,成为朝鲜"尊周思明"的情感寄托对象。

　　东亚"朝贡体系"的诸多藩属国中,以李氏朝鲜与明廷联系最为紧密。明廷对藩属国颁历授时,对该国多加重视,给予最高待遇。另一方面,朝鲜诚心奉明正朔,这在藩属国中也是首屈一指。宗、藩之间的颁正朔、奉正朔关系,在不同时代,以及面临不同对象之际,可以产生不同的形态特征,充分体现出历史活动的丰富性与复杂性。

第五章
明代历书之发行及其财政问题

　　朝廷向其统治区域内颁给历日,更为现实的问题是,这些历书需要官方统一刊刻印造,并最终发放到普通民众手中。对于大一统王朝而言,颁历是一件真正关系到国计民生的大事,其具体运作过程,涉及国家财政用度与政府管理等诸多方面的问题。

　　长期以来,民间获得历日,须花钱购买,而明代历日的发行方式较之前朝颇有不同。自洪武中期开始,实行免除历日工本费,引发了一系列特殊的社会现象以及政策变革。国内已有一些研究初步涉及这些问题[1],在此方面比较重要的基础性工作,当属美国学者Thacher Elliott Deane 以明代钦天监为主题的博士论文[2],Deane氏在探讨钦天监的职能时,曾据何丙郁、赵令扬所编《明实录中之天文资料》辑录之材料出发,涉及明太祖免除历日工本费政策,宣

[1] 如周绍良在介绍所藏明代大统历日时,涉及历书的发行与供应问题,但有些看法还是过于简单,周绍良:《明〈大统历〉》,《文博》1985年第6期;王天有《明代国家机构研究》曾注意到明代官颁历日在民间并不普及的现象;田澍《嘉靖革新研究》注意到明代京官私占历日变卖钱财,中饱私囊的现象。王天有:《明代国家机构研究》,北京:北京大学出版社,1992年,第112页。田澍:《嘉靖革新研究》,北京:中国社会科学出版社,2002年,第14页。
[2] Thacher Elliott Deane. "*The Chinese Imperial Astronomical Bureau: Form and Function of the Ming Dynasty Qintianjian from 1365 to 1627*". Ann Arbor, Mich.: UMI, 1990. pp.321–326.

德十年削减钦天监历日印数,以及部分明朝官员私运历日现象等具体问题。

　　本章将进一步从史料入手,对明代普通官民的历日供应情况及财政问题进行更为系统、全面的考察。首先探索明代历日发行方式转变的背景,以及明代印造历日用料的来源问题;然后讨论历书在明代社会中的流通途径;最后阐述明代的奇特社会现象——官历大规模从地方到中央的地域流动,以及明廷的处理方案——历日调度政策及其演变的具体路径。

第一节　明代历书发行新方式

　　宋元以来,国家施行历日专卖制度,官方垄断历日市场,这种政策颇为儒家理念所诟病。及至明洪武朝,太祖朱元璋创立了一种全新体制。

一、洪武朝历日工本之免除

　　民间使用的历日,曾是作为商品出售的,这种情况,《梁书》中记载了傅昭幼时随外祖父于建康朱雀航卖历日一事。[1]这可能是最早的记录。傅昭所售历日,当与敦煌本北魏历日形制大体相同,为纸质手抄,既得公开售卖,应源自朝廷正朔,是故常有人以抄写历日出售为生者。唐宋以还,随着印刷术的发达,民间印造历日出售的现象愈加普遍。

　　北宋熙宁四年(1071)时,朝廷开始将印历事务收为官办,实

----

[1]《梁书》卷60《傅昭传》,北京:中华书局,1973年,第392—393页。

行历日专卖制度,董煜宇曾对该问题进行过较为深入的研究,指出这与王安石变法的渊源。[1]实际上,这种国家专卖制度,在中国历史上多受指责,常被斥为与民争利,过于贪敛。历日专卖施行伊始,世人即对此举持有非议,如监察御史里行刘挚上疏控诉王安石新政道:"其征利,则下至历日,而官自鬻之。推此而往,不可究言。"[2]究其意,乃谓历日专卖所征取之利,至于锱铢分毫,过分钻营。传统儒家文化认为统治者应施行仁政,强调官府不应与民争利。这种思想指导下,官方颁历民间又从中取利,显然是舍本逐末,属丧失民心之举,故常为人所诟病。

　　蒙元在适应对汉族民众统治的过程中,开始颁发历书。元廷到世祖忽必烈时,方有年号曰中统,而颁发历书似乎比这更早。据文献可见,建国之初,在太宗窝阔台、宪宗蒙哥统治时期,元朝虽无年号纪年,其财政收入中却存在售卖历日的收入——"历日银",反映出当时统治者已沿用前朝(金朝)之例,向民间颁发历书。

　　元代历日课税进一步发展,一度在"额外课"中占27%的比重[3],成为国家岁入的重要组成部分。另据黄一农计算,元廷专卖历日的收入曾占全国岁赋钞部分的0.5%左右,已相当可观。[4]有些时候,蒙元统治者也应一些士大夫请求,将历日课税用于公益事业,宣扬教化,有如修缮孔庙、维护儒学等。这其实是国家的一种

［1］董煜宇:《从文化整体概念审视宋代的天文学——以宋代的历日专卖为个案》,载孙小淳、曾雄生主编:《宋代国家文化中的科学》,北京:中国科学技术出版社,2007年,第50—63页。
［2］《宋史》卷340《刘挚传》,北京:中华书局,1977年,第10582页。
［3］据天历元年(1328)额外课数目计算而来。《元史》卷94《额外课》,北京:中华书局,1976年,第2403—2404页。
［4］黄一农:《社会天文学史十讲》,上海:复旦大学出版社,2004年,第277页。

平衡方式,正可谓取之于民,用之于民。

　　明朝建国伊始,颁《大统历》于民间,仍征收历日工本钱。工本钱之名目,乍看上去似与前朝课税不同。据《嘉靖仁和县志》记载明洪武十年(1377)当地财政岁贡,其中就包括历日工本钱:

> 酒醋课程钱,钞九百三十二万三千五百二十文
>
> 历日工本钱,钞二百七十五万一千七百八十文
>
> 茶株课程钱,钞六千三百六十二文
>
> 茶引由六百道工墨钱,钞六十万文
>
> 房地赁钱、财赋赁钱,四十六万五千三百四文
>
> 系官赁钱,二十九万三千一百七十文
>
> 没官赁钱,五十一万八千二百一十四文
>
> 农桑丝,一十四觔七两二钱五分有奇
>
> 黄麻,八十九觔九两四钱
>
> 钱钞造纸,二千八百八十张[1]

洪武八年(1375)发行大明宝钞,一千文合一贯,则该年历日工本钱折合白银二千七百五十一两有余,数额占该年税赋中钞部分的19.7%。另据同书记载,洪武九年(1376)军、民、匠、灶籍户共计六万一千八百六十九户,二十二万三千四百七十九口[2],这是一个人口大县,所征历日工本钱数目还是相当可观的。但明人记载时,

---

[1]《嘉靖仁和县志》卷4《课程》,《四库全书存目丛书》史部第194册,济南:齐鲁书社,1997年,第75—76页。

[2]《嘉靖仁和县志》卷3《户口》,《四库全书存目丛书》史部第194册,济南:齐鲁书社,1997年,第54页。

仍将历日工本钱与酒醋课程、茶株课程等名目并列,据此可推断洪武初年历日财政性质,虽以历日工本费为名,仍行前代历日专卖政策之实也。

至洪武朝中叶,这种状况有所改变。洪武十五年(1382),明太祖下诏令免除历日工本钱。《会典》记载免除历日工本费时间为洪武十四年(1381),有误。据《明太祖实录》记载事件经过:

> 初,颁历民间,有司例征工本钱。至是,上闻之,谕礼部臣曰:"颁历授时,君职也,而又征敛民钱,岂为上之道哉?亟罢勿征。"[1]

太祖起自布衣,早年寒苦,深知官府之苛政,熟谙民生之艰难。明朝建立之后,太祖施政力行节俭,体恤民力,并矫正时弊,断绝官府敛聚之途。历日工本钱名为工本费,但其工价终由官府决定,如《嘉靖仁和县志》所载,该项实际上是官方变相敛财手段。洪武朝开颁历免除工本费用之绪端,遂成一代定制,官府为之放弃了一笔数额不小的岁入项目。

周绍良先生在撰文介绍所藏大统历日时,说"明、清两代历书俱属官卖",并且有钦天监"颁售"《大统历》的提法。[2]实际上,明清二代情况颇有不同,明代历日是作为朝廷制书,虽然私下偶有出售,但是这种情况为官方所禁止,及至清代,历书才成为商品售卖。

---

[1]《明太祖实录》卷146"洪武十五年七月己酉"条,第2289—2290页。
[2] 周绍良:《明〈大统历〉》,《文博》1985年第6期。

二、区域颁历体制

朝廷颁赐历日,要求举国奉行正朔,然而大一统王朝统治地域较为广阔,为便于边远地区及时获得历日,官方采用区域颁历体制。即由中央赐给历样,地方照之刊印。这种情况最早出现于宋代,自元丰三年(1080)起,开始分地域印历,每年都会给四川、两广、福建、江浙、两湖等距离京城较远的南方诸路提前发下次年历样,由地方财政机构——转运司据之付梓,再卖给普通民众,这样便节约了运输成本,其余诸路,则引入了商人参与售卖。[1]

至元二十年(1283)十一月,元世祖"命各省印《授时历》。"[2]又至元二十二年(1285)五月,世祖"以远方历日取给京师,不以时至,荆湖等处四行省所用者,隆兴印之,合剌章、河西、西川等处所用者,京兆印之"。[3]元代太史院专掌历日事,设"腹里印历管勾一员,从九品,各省司历十二员,正九品,印历管勾二员,从九品"。[4]诸路历日专卖收入,如宋朝例,尽数上交朝廷,成为国家岁入的重要来源。

明朝统治范围亦不可谓小,为便于全国及时授历,朝廷沿用前朝制度,乃命布政司自行印刷历日颁发。洪武六年(1373),太祖命礼部:"自今颁历,惟直隶府州及北平、陕西二行省则钦天监印造颁给之,其余皆令依式印造给与所属。每岁仍以九月朔日进历,朕

[1] 徐松辑:《宋会要辑稿》职官十八《太史局》,上海:上海古籍出版社,2014年,第3530页。
[2]《元史》卷12《世祖九》,北京:中华书局,1976年,第258页。
[3]《元史》卷13《世祖十》,北京:中华书局,1976年,第276页。
[4]《元史》卷88《太史院》,北京:中华书局,1976年,第2219页。

于奉天殿受之,颁于百官。"[1]

此情况下,布政司官员获历又有特殊途径,刘崧《十月朔日蒙御史台颁至洪武九年历日十六喜而有赋》诗曰:

> 洪武九年春,仪台宝历新。远从乌府送,如见凤图陈。万国同正朔,千官仰北辰。彤廷先进早,犹忆侍班晨。[2]

刘崧曾任职兵部,洪武六年(1373)改任北平按察司副使。他当是在洪武八年(1375)十月朔日获得御史台(后来改为都察院)颁给的《洪武九年大统历》十六本,这当是朝廷特赐给北平布政司少数高级官员,他不禁回忆起自己当年在南京陪班颁历的场景。

及至洪武十三年(1380),太祖下诏曰:"预刊明年《大统历》,仍以十月朔进,其诸王及在京文武百官、直隶府州,俱于钦天监印造颁给,十二布政司则钦天监预以历本及印分授之,使刊印以授郡县,颁之民间。"[3]由是岁始,明朝各布政司颁历民间以此方式为定制。

明朝辽东都司与山东隔海相望,受其统辖,历日亦取自山东布政司。正统二年(1437)六月,辽东苑马寺永宁监监正毛春奏:"辽东都司所属衙门历日俱山东印造,自登州浮海运至,而海道险阻,时有漂失,重劳造送,请铸降印式,于辽东都司印给。"[4]获准施行后,《大统历》印造点又增一处。

---

[1]《明太祖实录》卷85 "洪武六年九月壬戌" 条,第1516页。
[2] 刘崧:《槎翁诗集》卷4《十月朔日蒙御史台颁至洪武九年历日十六喜而有赋》,《景印文渊阁四库全书》第1227册,台北:台湾商务印书馆,1986年,第1227册,第357页。
[3]《明太祖实录》卷130 "洪武十三年二月辛卯" 条,第2064页。
[4]《明英宗实录》卷31 "正统二年六月乙亥" 条,第619页。

　　明制,钦天监造成来岁历样,于每年二月初一日进呈御览,获准后,照历样刊造十五本送礼部,由礼部派人送至南京及各布政司。如《(正德)明会典》记载:"凡每年三月内,礼部咨送到次年大统历样发南京钦天监,刊造印完,至十一月初一日给散南京各衙门及直隶太平等府州县。"[1]钦天监印造北直隶历日,南京钦天监当负责南直历日。

　　明代大统历日封面防伪戳,印有"钦天监奏准印造大统历日颁行天下,伪造者依律处斩! 有能告捕者当给赏银五十两,如无本监印信,即同私历"字样。朝廷为防止伪造,特置钦天监历日印,踏朱红印泥。通常盖在《大统历》两处,一为封面,二为首页,如国家图书馆藏《大明成化四年岁次戊子大统历》:

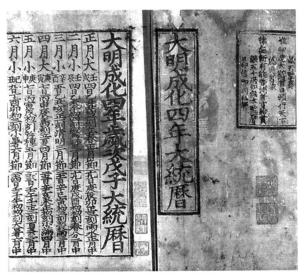

图 5-1　国家图书馆藏《大明成化四年岁次戊子大统历》封面页与首页拼接图

[1]《(正德)明会典》卷105《南京礼部·祠祭清吏司》,《景印文渊阁四库全书》
　　第617册,台北:台湾商务印书馆,1986年,第958页。

有的情况下，历日印还会再盖在正月页面上。该印为七叠篆文，据郎瑛《七修类稿》称"历日印文七叠，取日月五星七政义也"[1]，可为解释其制提供参考。

明制，历日不盖印，则同私历、伪历，每本俱须盖印后，才能发行。该印经长年累月使用，不免有所磨损，故时有重造钦天监历日印之举。据《实录》记载，天顺七年（1463），"重造钦天监大统历日印，从监正谷滨奏请也"。[2]万历元年（1573），"再铸钦天监历日印信一颗"。[3]

嘉靖十三年（1534）三月，四川发生了一桩官印失窃案，惊动朝野，明廷因此变更地方掌印制度：

> 盗窃四川布政使司经历司印并历日印，巡按御史邢第劾左布政使潘监。有旨下："巡按御史逮问。"已，礼部奏请铸给，因言："天下都、布、按三司，南北直隶十三省府俱设有经历司，而经历即掌印之官，近年以来，经历印信俱是各该都、布、按掌印官知府收掌，竟不入经历之手。不惟典守互移，易致疏虞，而文移违错，又一概枉坐以罪。非朝廷设官定制，今宜通行更正，违者听巡按御史纠举。"上从其言，令一体通行改正。[4]

官府守备森严，四川布政司经历司印与历日印竟同时被盗，实不多

---

[1] 郎瑛：《七修类稿》卷9《印制》，北京：中华书局，1959年，第145页。

[2]《明英宗实录》卷350"天顺七年三月壬辰"条，第7033页。

[3]《明神宗实录》卷12"万历元年四月辛亥"条，第384页。

[4]《明世宗实录》卷161"嘉靖十三年三月癸巳"条，第3592页。

见,或是此两印在同一处保管,因而一并失窃?

因历书由各布政司采办纸张,自行印制,故其装订除了常见的包背装之外,仍有蝴蝶装,印刷颜色除墨印本之外,偶尔还有蓝印本等。[1]此外,各地印造历书质量还有所不同,详见后文论述。

第二节　印历用料来源问题

黄仁宇《十六世纪明代中国之财政与税收》涉及钦天监历日开支问题:

> 三个属于礼部的特别机构保持着单独的开支项目,从未与其他收入合并。他们是太医院的药材,钦天监的历日和光禄寺厨料。这些项目出现在正规的财政报告中,列入各省直的里甲派征之中。[2]

他将印历用料纳入国家财政视野,把该项视作一种政府收入。黄氏的概括大体准确,但还不够详备,仍有必要进一步展开论述。

明太祖免除历日工本费用,由官方承担,但官府各项开支,归根结底还是征自民间,正所谓羊毛出在羊身上。对于印造历日所需的纸张、雕版、墨粉等原料,明廷将之视作一种消耗物资,在其国家财政体系中专门规划了一条贡赋路径。

---

[1] 周绍良:《明〈大统历〉》,《文博》1985年第6期。
[2] 黄仁宇:《十六世纪明代中国之财政与税收》,北京:生活·读书·新知三联书店,2001年,第332页。

一、岁贡历日纸

官方印造历日,最直接的问题,就是需要采办大量纸张。据明朝中叶名臣丘濬追溯明初贡赋事例:

> 我太祖于国初即定诸州所贡之额,如太常寺之牲币,钦天监之历纸,太医院之药材,光禄寺之厨料,宝钞司之桑穰与凡皮角、翎鳔之属,皆有资于国用者也,着为定额,俾其岁办。[1]

洪武一朝,太祖爱惜民力,力行节俭,在核算财政用度后,采用定额赋税制度。就历书的供应而言,官府是先行确定用纸数额,每年从民间征收,再印刷成品颁下。钦天监历日纸张,正与太常寺牲畜、太医院药材、光禄寺厨料、宝钞司所用桑皮纸等物资并列,皆成为岁办贡赋之一种。

据《(正德)明会典》记载:"永乐后,合用各色绫绢纸札颜料,俱先二年十二月内会计,有无闰月各用若干,奏行山东等布政司,真定等七府买办。"[2]如前章明代颁历分级制度所述,民历每本用纸十七页,有闰之年十八页,故需纸张稍多,采办时自当合计加派若干。

永乐年间,确定历日纸收取记录体例,亦载于《(正德)明会典》中,今引述如下:

> 一件历日纸札事。系某年某月某日某衙门坐下,该关填

---

[1] 丘濬:《大学衍义补》卷22,郑州:中州古籍出版社,1995年,第343—344页。
[2]《(正德)明会典》卷176《钦天监》,《景印文渊阁四库全书》第618册,台北:台湾商务印书馆,1986年,第722页。

内府黄字几十几号勘合。经今几月未完

计几万几千几百张

已起解几千几百张

未起解几千几百张

一某州县该几千张（如县则开都隅）

已起解几千张

未起解几千张[1]

据上引述，可见明代前期摊派各地历日纸张皆有具体数额，由州县起解，送到京城衙门——钦天监，盘点合计，记录在案，此中过程已形成定制。

各处缴纳历日纸张亦有固定期限，如《（正德）明会典》记载："凡各处该解南京钦天监造历纸札，每年以六月终为限，违者参究。"[2]

一般来说，地方岁贡历日纸有黄、白两种，如《正德大名府志》记载："黄、白历日纸一十六万二千张。"[3] 又如《成化宁波府简要志》记载岁贡历日纸事宜更为具体："解部黄纸一万一千九百六十八张、白纸一十九万张，解司黄纸三千五百张、白纸一十七万八千三百六十四张。"[4] 解部，即为近处的南京钦天

[1]《（正德）明会典》卷11，《景印文渊阁四库全书》第617册，台北：台湾商务印书馆，1986年，第110—111页。

[2]《（正德）明会典》卷105《南京礼部·祠祭清吏司》，《景印文渊阁四库全书》第617册，台北：台湾商务印书馆，1986年，第958页。

[3]《正德大名府志》卷3《田赋志》，《天一阁藏明代方志选刊》第2册，上海：上海古籍书店1963年影印明正德元年刊本，第2a页。

[4]《成化宁波府简要志》卷3《食货志》，《四库全书存目丛书·史部》第174册，济南：齐鲁书社，1997年，第746页。

监造历之用；解司，即为浙江布政司造历之用，历日纸一项，宁波府负担了双重赋役。今计黄、白纸张份额，前者约为 1∶15.88，后者约为 1∶50.96，钦天监造历征敛的黄纸量似乎要多一些。笔者见到存世的民历封面使用黄纸包裹，有闰之年每本要用白纸 17 张，无闰之年 16 张，这样两种纸张消耗比例为 1∶17 或 1∶16，由此可知官府征敛各地黄、白历日纸数额未必严格按照消耗比例相应摊派。

地方例行解纳造历用料途径亦有定制。天顺年间，张宁为汀州知府，其作《汀州府行六县榜》曰："每年除修仓局造，解京等项物料外，其除岁报诸色文册、历日纸张、庆丰库钞等项，公务止到府交领者，各于相应里甲内轮差，不许仍于小户内科贴路费银两送府。"[1]据此可知，各地历日纸张正如其他派征之例，一般是在各里甲内轮流摊派买办，归根到底，还是来自基层社会。

历日纸张虽为造历公用，但由于国家财政是通过贡赋途径获取此物，该项也就自然成为民间的负担。虽每年贡赋有常，然各地上缴历日纸似乎常常拖欠，有些时候，朝廷也只得顺水推舟，一并给予豁免，以下略举数例。

如正统六年（1441）十一月，颁诏大赦天下，减免税役，其中一款为"各处拖欠香料、历日纸，并云南所辖拖欠岁办差发金、银、米、钞、海贝、巴马、牛䌷布，俱自正统五年十二月以前尽行蠲免"。[2]又如正统十四年（1449）六月，因南京谨身等殿灾，下诏大赦天下、宽恤民生，内中一款为"正统十四年正月以前，凡拖欠夏

[1] 张宁：《方洲集》卷2《汀洲府行六县榜》，《景印文渊阁四库全书》第1247册，台北：台湾商务印书馆，1986年，第205页。
[2]《明英宗实录》卷85"正统六年十一月甲午"条，第1688页。

秋税粮……香料、历日纸、药材、椒蜡、供用厨料、果品诸物及一应派买采办物件尽行蠲免"。[1]正统十四年,景帝登基后,于十一月下令"免顺天、河间二府明年该纳药材、历日纸札"。[2]景泰四年(1453)七月,礼部尚书胡濙等人为灾异奏请恤民,其中一款为"钦天监成造进用历日,该用黄、白榜纸,书籍纸,连年坐派顺天府宛、大二县铺户买办,并分派衢州、开化出产,去处抄造送用,所有拖欠,宜悉与停免"。[3]该议获准施行。成化十四年(1478)八月,礼部奉旨议上救灾事宜:"乞将北直隶、山东、江西成化十六年岁办钦天监历日纸,太医院药材,光禄寺牲口及折色银,俱酌量减免。"[4]获准施行。

当印历纸张数额存在缺口,朝廷也会想办法补足。如成化十六年(1480)正月时,户部因天下遭灾,乃奏请节省用度,内中一款为"减征科以苏民困",论述历日纸张事宜:

> 钦天监历日纸计用二百余万,岁派山东、河南、山西三布政司并北直隶各府州县。连岁荒歉,买办甚艰。今天下问刑衙门,每囚人纳纸一分,又有投批倒文罚纳者尚多,自后囚人免纳连七等纸,止收绵纸,以十分为率,量存二分,按察司一年五十万,布政司理问所一[年]十六万,以代三布政司岁纳钦天监历日纸,免民间买纳。福建、陕西、浙江等处问刑衙门去京远者,囚人等纸亦存二分公用,其余依都御史张瓒奏准事

---

[1]《明英宗实录》卷179"正统十四年六月己巳"条,第3467—3468页。

[2]《明英宗实录》卷185"正统十四年十一月己丑"条,第3685页。

[3]《明英宗实录》卷231"景泰四年七月甲子"条,第5043—5049页。

[4]《明宪宗实录》卷181"成化十四年八月戊戌"条,第3254页。

例,每民纸一分折收银一钱,官纸折银三钱,俱发缺粮州县备
用,一直隶州县亦依此例行之。[1]

疏入之后,此议获准施行。历日纸张原派山东、河南、山西三布政
司及北直隶各府州等采办,如前文所述,因各处连年灾荒,贡赋不
济,常有拖欠,故供钦天监纸不足,户部乃另开门路筹措。又有因
人纳纸各一分,如"民纸一分折收银一钱"例,或此处一分类似纸
一刀。后来又似乎有"投批倒文"事,朝廷罚纳甚多,取之公用,故
自此之后,可免去囚人纳纸。而该年囚人已纳之纸,仅收绵纸,留
下二分,如福建、陕西、浙江等布政司例,给按察司、布政司理问所
等处,为公务用,共计六十六万张。另外十分之八,给钦天监作历
日纸,免除民间解纳。以此计算,历日纸张数为六十六万之四倍,
约二百六十四万张,能跟上文提到的用度二百余万符合。若仅以
民历每本十七或十八页计,可造成历日十五万册左右,考虑到钦天
监每年印制民历之外,还有其他各种历书,以及材料损耗等等,实
际印历数目当小于此数。据宣德十年(1435)例,钦天监岁造历日
数额定为十一万九千五百余本[2],又天顺四年(1460)时,英宗"命
钦天监岁增造《大统历》五千本"[3],加权共计十二万四千五百本
左右。可见其时印历数目并无太大变化。

　　在此之后,钦天监所用历日纸张用度又回归旧制,仍由地方解
纳。如弘治十一年(1498),吏部尚书倪岳曾上《灾异陈言疏》,内
中"防革宿弊"一款言:

---

[1]《明宪宗实录》卷199"成化十六年正月戊戌"条,第3501—3502页。
[2]《明英宗实录》卷2"宣德十年二月戊辰"条,第61页。
[3]《明英宗实录》卷323"天顺四年十二月癸酉"条,第6685页。

照得礼部所收，惟药材及历日纸札二件。药材系湖广、江西、福建等布政司所属，并应天府所属州县解纳。历日纸札系浙江布政司所属，并直隶府州县解纳。递年解到本部，俱发太医院并钦天监上纳。今访得各院监堂上并属官少肯守法，每收各项药材、纸札，多般刁难，或本堪中而捏作不堪，或不收本色而肯收折色，或以一倍而收数倍，甚至通同揽纳之人，多取价利，指以修理为名，罚要银两，以致经旬累月不得完纳。解人受害，合无今后遇有解到前项药材、纸札听本部委官前去，公同监院官员陆续监收，但验堪中，不拘土产即便照数收受，不许刁难、折纳及取罚等项。完就，出实收付，解人缴结。如委官扶同容纵，不行举正者，本部参究，庶前少革，解户可苏。[1]

从该疏可知，其时历日纸张由浙江布政司并直隶府州县解纳，发至钦天监。而解送方时有抱怨，称钦天监、太医院官员接收历日纸张、药材等物时，常多加刁难，或压低质量等级，或要求折为银两，或要求数量加倍，甚至寻机罚取银两，因此耽误时日颇长。是故倪岳请以本部派员前去监收，以减少争端。关于此类事件，内中曲直如何，后文还有论述。

二、历纸折色银

正统年间，朝廷开始征收金花银，即是命民间将税粮折合成银两上缴，此举减少了运送税粮之繁重，也推动了商品经济的发展。其

[1] 倪岳：《青溪漫稿》卷14《灾异陈言疏》，《景印文渊阁四库全书》第1251册，台北：台湾商务印书馆，1986年，第186页。

后,各种贡赋折纳银两日益增多。官方向民间征收赋税,原定征实物者称为"本色",改征其他实物或货币者,称"折色"或"折色银"。明代中叶,钦天监历日纸张,也顺应这个潮流,开始折为银两征收。

正德四年(1509),原钦天监官吴昊卒,《明实录》有传,记载其生前若干政绩:

> 昊,江西临川县人,由钦天监天天生累升太常寺卿,仍掌监事,至是卒。其子奏乞祭葬。许之。昊居官尽职,每遇乾象示变进直言,指切时政,觇有所感悟,缙绅皆重其为人。印历纸旧取之畿郡、山东,输者苟且充数,多薄恶不可用,而民间岁如常。昊建请输价,岁以祠部一人督本监收买,有余价,则留备来年,而阴损取于民之数,公私皆便焉。[1]

朝廷历日纸取自直隶府州、山东布政司等处,民间每年例行缴纳。而据钦天监称,地方政府输送钦天监印历纸张,虽如数运到,但质量多粗劣不可用。回头来看,前文倪岳《灾异陈言疏》所述争端,不能仅据解送方的一面之词而判断事情曲直。笔者颇疑某些时候是解送方从中偷梁换柱,以次充好,中饱私囊。这样看来,钦天监官员的种种指责与要求,也不能说完全没有道理。最终结果,吴昊提出将历日纸张折为银两解纳进京,由礼部监督钦天监采购,此举既节省了运输费用,也堵住了解纳过程中的一些漏洞,更减轻了民间负担,可谓公私两便之举,是故《实录》修撰者因颂之为德政。

在此之后,礼部长期监管采办历纸事宜,甚至为此与钦天监出

---

[1]《明武宗实录》卷50"正德四年五月己未"条,第1157—1158页。

现矛盾。据《明实录》载嘉靖初年事曰：

> 初，祠祭司郎中汪必东及掌钦天监光禄寺少卿乐護等以文移体统相奏讦。礼部侍郎吴一鹏因参護妄自尊大，欲颉颃九卿，護复诉（辨）[辩]，俱下吏部。部议："钦天监统于礼部，事相关辖，而護自称五品京堂，不属礼部，谬妄无据，当逮问。"诏："姑勿问，夺護等俸两月，必东等一月。其历纸，礼部委官监收，如旧例行。"[1]

乐護与汪必东争端过程，《实录》虽未具体记载，但从事件处理结果上，可以略见其端倪，或起因为历纸事。世宗旨意，实为各打八十大板，以此平息攻讦。另外，乐護不服礼部管辖，应属事实，是故据吏部之议，加重处罚力度，仍维持了旧有统辖体制。

明代中后期，随着社会经济货币化现象日益显著，不止朝廷用度，各布政司亦改历日纸张贡赋为折色银。历日折色银常与其他折色等并列，成为各级政府财政收入中五花八门的杂派名目之一。笔者从明代中后期的地方志中辑录出若干历日财政材料，列表如下，以供参考：

表5-1   地方历日财政状况表

地　　方	历日纸料银	来　　源
宁国府	历日纸料坐银一百三十八两有奇，解南京礼部	《嘉靖宁国府志》卷6
扬州府	岁派历日纸价银二十四两	《嘉靖维扬志》卷8

---

[1]《明世宗实录》卷38 "嘉靖三年四月丁巳" 条，第973页。

（续表）

地　　方		历日纸料银	来　　源
温州府	府	南京历日纸料银五十二两四钱九分三厘六毫,派乐瑞;布政司历日纸料银二百二十二两七钱六分三厘八毫,派永平	《万历温州府志》卷5《食货志》
	永嘉县	南京并布政司历日纸料银九十八两三钱七分五厘	
	瑞安县	南京并布政司历日纸料银四十七两八钱三分七厘九毫	
	乐清县	南京历日纸料银二十四两三钱一分一厘二毫	
	平阳县	南京并布政司历日纸料银七十八两七钱七分七厘八毫	
	泰顺县	南京并布政司历日纸料银四两一钱九分八厘	
嘉兴府		历日纸料银九十三两七钱九分有奇,闰年加二两六钱四分有奇,布政司历日纸料银三百九十七两九钱六分	《嘉靖嘉兴府图记》卷9
湖州府	总数	历日纸价银四百二十四两八钱三分一厘七毫三丝六忽	《万历湖州府志》卷11
	乌程县	九十七两九钱四分四厘九毫五丝六忽七微五尘	
	归安县	一百五两七钱六分二厘二毫八丝六忽	

地　　方		历日纸料银	来　　源
湖州府	安吉州	二十三两二钱二分一厘六毫四丝九忽	《万历湖州府志》卷11
	长兴县	八十三两六钱六分三厘三毫九丝一忽	
	德清县	七十二两九钱五分九厘三毫九丝六忽五微	
	武康县	二十三两一钱七分七厘二毫七丝一忽	
	孝丰县	一十八两一钱七分二厘七毫八丝五忽七征五尘	
会稽县		历日纸银四十两五钱七分三厘八毫,有闰加银二钱一分八厘五毫	《万历会稽县志》卷2《户书二》
许州		历日纸价银八十二两九钱	《嘉靖许州志》卷3
武定州		历日纸价十六两	《嘉靖武定州志》上帙
莱芜县		历日纸银五两二钱二分	《嘉靖莱芜县志》卷3《贡赋志》
慈利县		历日银三十五两四钱二分	《万历慈利县志》卷9
郴州	州	历日银八两四钱	《万历郴州志》卷10
	永兴县	历日银八两三钱九分	
	兴宁县	历日银八两一钱五分	
	宜章县	历日银六两二钱七分	

（续表）

地　　　方		历日纸料银	来　　源
郴州	桂阳县	历日银六两二钱七分	《万历郴州志》卷10
	桂东县	历日银三两二分	
临江府	清江县	历日纸价银四十六两二钱三分	《隆庆临江府志》卷7
	新淦县	历日纸价银四十三两七钱七分	
	新喻县	历日纸价银四十七两四钱六分	
	峡江县	历日纸价银一十八两二钱	
惠州府	归善县	银八两五分	《嘉靖惠州府志》卷7下
	博罗县	十两三钱	
	海丰县	六两五钱	
	河源县	二两五钱五分五厘	
	龙川县	二两八钱	
	长乐县	三两一钱八分五厘	
	兴宁县	兴宁二两九钱	
	和平县	一两四钱五分	
南宁府		历日三两	《嘉靖南宁府志》卷3《田赋志》
雷州府	遂溪县	历日银二两	《万历雷州府志》卷9《食货志》
	徐闻县	历日银二两	
钦州		历日纸札工墨银六钱，关领历日水脚银六钱，共银一两二钱	《嘉靖钦州志》卷3

（续表）

地　　方		历日纸料银	来　　源
琼州府	总数	历日纸札岁银三十二两五钱	《正德琼台志》卷11
	府	银二两一钱四分八厘五毫	
	琼山县	三两四钱七分七厘	
	澄迈县	二两七钱七分六厘	
	临高县	二两七钱三分五厘	
	定安县	二两三钱四分一厘五毫	
	文昌县	二两九钱六分八厘	
	会同县	一两九钱六分	
	乐会县	一两六钱九分一厘五毫	
	儋州县	二两七钱六分四厘五毫	
	昌化县	一两五钱	
	万州县	二两四钱七分九厘五毫	
	陵水县	一两七钱五分	
	崖州县	二两四钱七厘五毫	
	感恩县	一两五钱	

通过上表，可以对明代地方政府负担造历费用状况有个大致了解。直隶宁国府以及浙江布政司的某些府县较富庶繁荣，人口众多，民间需求历日量较大，又负责南京历日费用，故纸价银征敛要多一些。但较之前文引述《嘉靖仁和县志》记载洪武十年历日工本钱约二千七百余两，数额还是要少得多。正如黄仁宇所指出的"相

对于其他上供,纸张的花费很小"[1],如此看来,洪武朝免除历日工本费的政策,确实发挥了一定成效,明廷并没有从颁历之政中获取经济利益。其他府县缴纳历日银数目各不相同,应该是上级单位每年根据额定需求,印造历日发送到这些地方。某些地方州县缴纳历日银数目较少,仅数两而已,可以推断,供应这些地方历日数量应该不是很多。

　　然而,各地缴纳历日银并非一成不变,有时候会出现加派,如《隆庆岳州府志》记载下属地区据《提纲册》增派历日银事宜,今辑录相关内容,并计算其增幅百分比,列表如下:

表5-2　岳州地区历日财政状况表

地方	原历日银	《提纲册》加派历日银	增加百分比
岳州府	历纸烟面募食百四十四两四钱五分三厘五毫	历日银增至一百六十六两八钱	15%
巴陵县	历纸烟面募食银二十六两八钱四分五厘五毫	加历日银一十三两二钱	49%
临湘县	历纸烟面银七钱七分	加历日银七两四钱	961%
平江县	历纸烟面二十四两	加历日银三两八钱	16%
华容县	历纸烟面十两九钱六分二厘	加历日银一两七钱	16%
澧州	历纸烟面银二十二两七钱八分八	加历日银三两五钱二分二厘	15%

---

[1] 黄仁宇:《十六世纪明代中国之财政与税收》,北京:生活·读书·新知三联书店,2001年,第332页。

（续表）

地方	原历日银	《提纲册》加派历日银	增加百分比
安乡县	历纸烟面银七两四钱七分二厘	加历日银一两六分八厘	22%
石门县	历纸烟面银十四两五钱四分八厘	加历日银二两二钱五分二厘	15%

从上表看来，岳州府增派各地历日银不同，多数为15%—16%左右，临湘县一下子增加了接近十倍，或与该县原先征收数额较少有关，这可能是相关部门的一种调节。[1]

《明实录》中，明代后期地方税赋相关记载，常涉及历日纸折色银一项，就不一一介绍了。[2]

嘉靖二十四年（1545）时，朝廷定南京钦天监岁造历日纸张折色银数额，据《（万历）大明会典》记载：

> 凡本监造历，每年六月内从礼部发到历样，刊印完给散南京各衙门，并直隶各府州县。凡本监造历纸，分派应天宁国二府、并浙江解纳，俱限六月以里至京。嘉靖二十四年奏准，本监历日，正数颁给各衙门，止该历一十一万一千一百一十一本。有闰之年，该二裁纸九十九万四千四百四十三张半，每纸百张，价银四分，该折价银三百七十七两七钱七分七厘四毫。

---

[1] 临湘县的历纸烟面银数额仅七钱七分，比周边地区要少得多，笔者这里不排除地方志中抄错的可能性。

[2]《明神宗实录》卷18"万历元年十月戊辰"条，第524页；《明神宗实录》卷23"万历二年三月丙子"条，第593页；《明神宗实录》卷29"万历二年九月庚寅"条，第712页。

无闰,该二裁纸八十八万八千八百八十八张,该银三百五十五两五钱五分五厘二毫。每年不拘有无闰月,各该添工食银三十五两零三分。连前纸价,照数分派浙江布政司、应天、直隶宁国二府,严限征完,依期解部。其合用黄纸等项不多,照常解纳。[1]

此处,南京钦天监造历十一万余本,较之上文所述北京钦天监宣德十年造历十一万余本,天顺年间例造十二万余本、成化年间历纸可造十五万本左右,数目大体相当。笔者估计,当时北京钦天监造历数额仍如前例,因为有各布政司历日解送京城补其不足,南直隶亦存在类似的供应缺口,大约也有外地流入。

上文统计造历用度,末尾处特别指出黄纸等物照常解纳,故所记历日纸张当为白纸。南京钦天监仅负责印造民历,黄纸作封面用,因此无闰之年每本需白纸16页,有闰之年17页,若以111 111本计,无闰之年用二裁纸888 888张,闰年需994 443.5张,合契无差。

嘉靖时,南京官员张永明上《议处铺行疏》,内中"省繁役"一款曾论及南直隶历日纸张采办状况:

南京礼部历日纸,原自浙江解送,今乃改从南京买办,然历日纸张式样与他纸不同,今之铺户,犹凭商人于浙江抄作也,每百张原价一钱,今减八分,夫一分固中价也。然自今冬买纸,明冬领价,该监有无名之征,经年有出息之累。铺户不

[1]《(万历)大明会典》卷223《南京钦天监》,《续修四库全书》第792册,上海:上海古籍出版社,2003年,第640—641页。

重困乎？举重纸而其他物料可知也。[1]

据上可以了解采办过程中的一些具体细节,历日纸与其他纸张样式不同,经商人之手,从浙江采购,运至南京供应。采办纸张事有铺户参与,常常是先行垫资,在买纸一年后才能从钦天监领到纸款。另外,关于历日纸张价格,已非前文述嘉靖二十四年每百张纸值银四分之例,借此可略见明代后期商品经济发展,市场波动对历日财政之影响。

李廷机掌礼部时,曾于万历三十二年（1604）五月上《酌处历日疏》,可为今人提供线索,了解当时钦天监采办历日纸张的一些具体环节。兹引录相关部分如下:

> 臣惟钦天监每年造历例,俱臣部预行宛、大两县拘钥纸户,送监认辩纸张。其纸价银两,各处陆续解部,送监交纳,该监给发纸户买纸,似亦可以无累。但两县差委之人未能的当,纸户不及十名,追呼已遍城市,或舍富而役贫,或指甲而为乙。昨臣入部,有一人当门叫号,审之,则扬州吏杨龙被差人指为纸户,周和拘来者也。臣复吊取八名,则又有一人涕泣称系戏子,审之,果能唱曲,乃戏子焦三,被差人指为纸户,冯秉中拘来者也。其余或银匠、或流民,多称原非纸户,哀号求免。盖拘签之累如此,而一到该监,许多类难,辄至倾家,民之视之如同陷阱。臣因思历日系该监职掌,纸张又非难致之物,臣随查纸银该二千三百两,而各处解来已近九百,以银易纸,有何难

---

[1] 张永明:《张庄僖文集》卷2《议处铺行疏》,《景印文渊阁四库全书》第1277册,台北:台湾商务印书馆,1986年,第333页。

事,即劳苦亦是该监当为,小民何罪而吃亏。臣部又何愚,而代该监招怨,且令辇毂之下,有叹息愁苦之声,岂所以为玉历之光华? 对扬我皇上钦若昊天之德意,臣愚以为历日纸张可令该监自买,两平交易,不得差人出票骚扰铺行。而臣部惟为督催各处纸银务于三月尽解,如或延迟有误,造办定行题参,则银必早完事必不误,而追呼之扰可省,闾阎之累可蠲也。[1]

后来,李廷机追述其任职礼部期间革除弊政事迹,也曾回忆此例,交代了更多细节与背景:

及任礼部,闻钦天监历日纸户颇累民,每岁行两县报金,阖京骚扰,卒以下中户应役,役满而家罄矣。余欲革,提督主事言难革,革且惧事,振刷可耳。余许之,数日主事具一帖云:"某弊禁,某费裁。"余亦信以为振刷也。至端阳前,余进部,门有县皂拘一吏,持状而呼。审之,吏也,四川人。余批免。尚八人在钦天监,召审之一戏子,一煎银匠,俱遣去。余乃召监正,谕令自办。监正亦不敢辞,纸户遂革。盖官价原宽,特苦需索者众,委之监正,则需索皆无且有利焉,行之累年,官民皆便,故革弊不可不勇。[2]

以李氏前后所述相互参验,该年皂隶指派纸户,拘来下层市民九

[1] 李廷机:《李文节集》卷1《酌处历日疏》,《明人文集丛刊》第28册,台北:文海出版社,1970年,第112—116页。
[2] 李廷机:《李文节集》,《四库禁毁书丛刊·史部》第44册,北京:北京出版社,2000年,第699页。

名,在礼部当门叫号者扬州小吏杨龙,回忆时误记为四川人,还有戏子焦三、银匠等人,确系无误。

钦天监为采办历日纸张事宜,一度设有专门赋役,每年在宛平、大兴二县指派纸户,这是明代常见的官府采购所需物资的方式,即"召商买办"[1]。据李氏介绍,中下层民众承担此役,常常是搞得倾家荡产,故民间极不情愿应役,看来"召买"过程中钦天监对纸户盘剥相当严重。似乎李氏上疏后未得皇帝答复,只得召来监正,令该监自行买纸,遂革除此弊。

据李廷机查照,当时钦天监历日纸用银二千三百两,数额已不多。

三、其他用料

明制,《大统历》纸张由民间提供,印造由官府负责。上文介绍地方政府历日财政时,已有部分内容涉及,下面以钦天监为对象稍加讨论。

关于南京钦天监印历用料事宜,《(万历)大明会典》记载:"凡本监造历梨板、颜料,俱上元、江宁二县解纳。"[2]

至于北京钦天监用度,可据万历间人沈榜《宛署杂记》记载,略见其岁派用料种类、数额:

> 钦天监取观象台谯楼油、炭,每年折价五两八钱四分四

[1] 许敏:《明代嘉靖、万历年间"召商买办"初探》,载中国社会科学院明史研究所明史研究室编:《明史研究论丛》第1辑,南京:江苏人民出版社,1982年,第185—209页。
[2]《(万历)大明会典》卷223《南京钦天监》,《续修四库全书》第792册,上海:上海古籍出版社,2003年,第641页。

厘；历日黄绫九丈三尺七寸一分，价四两二钱一分七厘；蓝绫二丈二尺三寸六分六厘五毫，价一两一钱一分八厘；银朱五两五钱六分，价三钱三分三厘；墨煤三十六斤三钱，价四钱三分二厘五毫；白面四十六斤三两五钱零，价五钱五分四厘；黄丹九斤二两九钱，价五钱五分；紫粉二斤四两七钱零，价七钱三分四厘；木柴八十四斤十二两，价五钱九分三厘；香油十六斤十五两三钱，价一两一分七厘；棕毛十一斤四两八钱，价四钱四分；苫帚五十六把半，价五钱七分，以上共银十两五钱五分八厘五毫。以上俱行银大户解。[1]

各种实物虽折色为银两上缴，其用度必有所本。黄绫、蓝绫，当为包裹历书，供应上层人士之用。至于银朱、墨煤、白面、黄丹、紫粉等物，或属造历之颜料。邻县大兴，用料摊派应该也大致如此。

钦天监印制历日后，历板虽已无用，但未必当即销毁。这样，有时候印制历日，也会出现误用旧板现象，如成化二十二年（1486）十二月，朝廷曾大规模处罚钦天监官员，如"停钦天监副李华、吴昊俸三月，下五官司历刘玉、王佑，主簿方溥于锦衣卫狱"，其罪名为"坐误以旧历末板印行也"。[2]

第三节　臣民获历方式

本节主要讨论普通官民获得历日之方式，以及明代盛行的送

---

[1] 沈榜：《宛署杂记》卷15《各衙门》，北京：北京古籍出版社，1982年，第151页。
[2] 《明宪宗实录》卷285 "成化二十二年十二月癸酉" 条，第4818页。

历日风俗。

一、京官领历

明朝京官受历，一般是在每年颁历仪式上。鸿胪寺备有百官历案，其上置民历，由颁历官发放给群臣。在此之外，朝廷还设有发放专门历日之处，如司礼监与钦天监。

天顺四年（1460）时，英宗"命钦天监岁增造《大统历》五千本给司礼监"。[1]司礼监一次增造历日如此之多，其实为提供大臣领取支用。明代宫廷宦官极盛，部分权阉焰势熏天，亦有一些士大夫刚直不阿，交往时拒绝逢迎。这种不畏权贵之举，时人对之多有记载赞颂者，如明成化间人黄暐曾任吏部司务，后升司封员外郎，据黄衷作《云南左参政黄公暐墓碑》载其生前在任事迹："时东厂权焰特盛，曹署请谒必跽，岁暮馈历，公次当往比见，长揖而已。"[2]又据郭正域为徐学谟作墓志铭记载其生前事迹曰："孟冬颁历，或言司礼巨珰故事有馈，公执不可，曰：'吾以外臣备简，何事私谒，峻拒不允。'"[3]从以上两条史料可以得知，司礼监是负责发放臣工历日的重要部门。

有些时候，官员须前往钦天监领取历日。据明嘉靖间吏部尚书李默编《吏部职掌》记载"杂行事件"曰："历日，每年十月用手本，行钦天监关支。"[4]

[1]《明英宗实录》卷323"天顺四年十二月癸酉"条，第6685页。
[2]焦竑：《焦太史编辑国朝献征录》卷102，《续修四库全书》第531册，上海：上海古籍出版社，2003年，第12页。
[3]郭正域：《合并黄离草》卷26《少保资政大夫礼部尚书徐公墓表》，《四库禁毁书丛刊》集部第14册，北京：北京出版社，2000年，第424页。
[4]李默、黄养蒙等删定：《吏部职掌·考功清吏司·纪录科·杂行事件》，《四库全书存目丛书·史部》第258册，济南：齐鲁书社，1997年，第125页。

二、送历风俗

明代历日由官府免除工本费颁发民间。一些"官箴书"记载有地方官以历书、胙肉馈赠士绅的惯例,这在明人文集中常能见到。颇多居庙堂之高者,得到官历,再赠给处江湖之远者。

关于明代的送历风俗,笔者所见年代较早的事例,是明初平显《松雨轩集》卷八收录的两首紧邻之七言诗。[1]其一为《十二月十日谢员外赠历》:

> 病屐枯节畏滑苔,欲趋文馆久徘徊。翻怜老朽将添岁,惠得新颁凤历来。

其二为《正月三日谢董秋官》:

> 授时新历下灵台,台上秋官太史才。昨日柴门驻轩盖,落梅香底藉苍苔。

平显,浙江人,曾任广西藤县知县,洪武中谪戍云南,后在沐府为塾师二十年,永乐初,沐昂荐其入京任校职。[2]前诗说"趋文馆",后诗提到董姓秋官正,当是在京期间完成,此二事可能就是在某个新年前后。又,台北"国家图书馆"藏《大明永乐十五年(1417)岁次丁酉大统历》尾页附钦天监造历官员名单,其中有"承德郎秋官正

[1] 平显:《松雨轩诗集》卷8《正月三日谢董秋官》,《丛书集成续编》第138册,台北:新文丰出版公司,1991年,第71页。
[2] 李琳:《明初谪滇诗人平显考论》,《江汉论坛》2008年第11期。

董廉恭"字样,或许就是此人送历。

因各布政司可以自行印造历日,地方官多有机会获得,亦可取之赠给亲朋。如陈献章《与顾别驾止建白沙嘉会楼》,提到地方官顾某"分惠诸儿辈及诸士友历日",故"感公盛德,并此为谢"。[1]

明代士大夫交际圈子颇为广泛,亦有获外布政司官员赠历者,如闽人邹迪光书信《与华严州》:

> 残腊辱惠新历,吾乡历多不佳,惟浙最妙,而门下所惠更妙,拜赐后令寒谷知春而喜可知也。……[2]

浙江严州地方官华敦复赠送历日,邹氏说福建之历质量不如浙江,盛赞浙历,同时向其致以谢意。明代地方历日由各布政司自行采办纸张印制,故各地历日内容相同,而质量参差不齐,经过比较,优劣可判。浙江所造之历有着不错的口碑,可能是该布政司对印历工作较为重视的缘故。[3]这是一条关于地域颁历体制的珍贵史料。

---

[1] 陈献章:《陈献章集》卷2《与顾别驾止建白沙嘉会楼》,北京:中华书局,1987年,第204—206页。

[2] 邹迪光:《始青阁稿》卷22《与华严州》,《四库禁毁书丛刊》集部第103册,北京:北京出版社,2000年,第445—446页。

[3] 长期以来,福建虽为中国古代刻书重地,但该处刻本常以质量低下为世人所批评,明代亦是如此。如胡应麟在《少室山房笔丛》中评论刻书业说:"叶(少蕴)又云:天下印书,以杭为上,蜀次之,闽最下。余所见当今刻书,苏、常为上,金陵次之,杭又次之,近湖刻、歙刻聚精,遂与苏、常争价。蜀本行世甚寡,闽本最下。"(胡应麟:《少室山房笔丛·经籍会通四》,北京:中华书局,1958年,第59页)谢肇淛也说:"宋时,刻本以杭州为上,蜀本次之,福建最下。今杭刻不足称,金陵、吴兴、新安三地剞劂之精,不下宋版。楚蜀之刻,皆寻常耳。闽建安有书坊,出书最多,而版纸俱最滥恶,盖徒为射利计,(转下页)

明代奇书《金瓶梅》中,也有三回目写到官员送历日的风俗。其一为第75回,作者叙述西门庆从新河口拜会蔡九知府归来后:

> 平安就禀:"今日有衙门里何老爹差答应的来,请爹明日早进衙门中,拿了一起贼情审问。又本府胡老爹送了一百本新历日。荆都监老爹差人送了一口鲜猪,一坛豆酒,又是四封银子。姐夫收下,交到后边去了,没敢与他回贴儿。晚上,他家人还来见爹说话哩。只胡老爹家与了回贴,赏了来人一钱银子。又是乔亲家爹送贴儿,明日请爹吃酒。"玳安儿又拿宋御史回贴儿来回话:"小的送到察院内,宋老爹说,明日还奉价过来。赏了小的并抬盒人五钱银子,一百本历日。"

次日,西门庆又与夫人吴月娘提到一件事:"胡府尹昨日送了我一百本历日,我还没曾回他礼",所指便为上文"本府胡老爹"事。又据该书第76回,作者写道:

> 忽有本县衙差人送历日来了,共二百五十本。西门庆拿回贴赏赐,打发来人去了。应伯爵道:"新历日俺每不曾见哩。"西门庆把五十本拆开,与乔大户、吴大舅、伯爵三人分开。伯爵看了看,开年改了重和元年,该闰正月。

(接上页)非以传世也。"(谢肇淛《五杂俎》卷13,北京:中华书局,1959年,第381页)又见:张秀民著,韩琦增订,《中国印刷史》,杭州:浙江古籍出版社,2006年,第273—274页。闽历质量不佳,或许与当地刻书业长期粗制滥造的传统有关。

还有第78回,作者写道:

> 宋御史随即差人,送了一百本历日,四万纸,一口猪来回礼。

时为年末,达官贵人礼尚往来之际,西门庆收到新历日竟有三次之多,府里、县里,还有宋御史送来。清人张竹坡评点该书时,曾在批注中对此类事件有过不厌其烦地解读,兹引述如下:

> 一百本历日,记明新年,是西门死期矣。[1](第75回文间夹批)
>
> 又是一百本历日。又言虽一日作两日过,君其如死何哉
>
> 记清,为西门死日点睛也。[3](第76回文间夹批)
>
> 宋御史送一百本历日来,亦平平一事,不知皆作者如椽之笔写之也。盖言一百回文字,至下一回,将写其吃它紧示人处也。财色二字,至下一回讨结果也。况一百本历日,言百年有限,人且断送于酒色财气之内也。故用宋乔年送来。又瓶儿一百日后,是西门死期,言瓶之馨矣,不能苟延也。[4](第78回回首总评)
>
> 又是一百本。总言来日虽多,无益于事也。[5](第78回

[1]《张竹坡批评金瓶梅》下册,济南:齐鲁书社,1991年第2版,第1169页。
[2]《张竹坡批评金瓶梅》下册,济南:齐鲁书社,1991年第2版,第1170页。
[3]《张竹坡批评金瓶梅》下册,济南:齐鲁书社,1991年第2版,第1203页。
[4]《张竹坡批评金瓶梅》下册,济南:齐鲁书社,1991年第2版,第1239页。
[5]《张竹坡批评金瓶梅》下册,济南:齐鲁书社,1991年第2版,第1242页。

文间夹批）

张氏其实是联系到西门在下一年正月里纵欲亡身的故事情节,指出西门庆获赠历日就是暗示其即将归天的前兆。笔者认为,张氏这种诠释过度了,明朝各级官员岁末派送历日,是当时颇为普遍的现象,《金瓶梅》中送历日相关内容,正是作者生活时代社会状况的一种真实反映。

西门庆从官员那里获得历日竟达450本之多,自己一家哪能用得完,恰逢这些个穷哥们在场,应伯爵已经开口求历,只得拆了一包50本,分了些给他们。乔大户、吴大舅、应伯爵等市井之徒,本来不易得到历日,因为有西门大官人这一层关系,都沾光分得了些许。这50本历日,想必三人留下少量自用之外,又将其余再行转送。西门庆轻易获取供数百户人家所用之历书,绝大多数都要转送出去,实现社会资源的交换。

士大夫乡居者,从官场朋友处获得历日后,会取之分送左邻右舍,如李开先作《得新历书因成二绝句》:

新历封传三十册,呼奴分送与乡邻。农人重麦如金玉,首看来年几日辛。

周正曾来开子月,我今得历在初冬。数时探节欣童辈,较雨量晴慰老农。[1]

---

[1] 李开先:《李中麓闲居集》卷4《得新历书因成二绝句》,《四库全书存目丛书·集部》第92册,济南:齐鲁书社,1997年,第483页。

亲友邻里之间馈赠历日,似乎已经成为明代除夕风俗,如文徵明诗《甲寅除夜杂书》之一:

> 千门万户易桃符,东舍西邻送历书。二十五年如水去,人生消得几番除。[1]

又如徐𤏡《癸卯除夕》诗亦记载除夕夜场景:

> 今岁俄惊此夕除,浮生日月叹居诸。儿童堂上喧箫鼓,亲友门前馈历书。制业久抛闲半世,光阴虚掷负三余。青尊栢叶凭斟酌,银烛华灯照绮疏。[2]

明代士大夫社交生活中,有一种特殊的送书帕风俗,即迎来送往时常馈赠一书一帕。所送之书,或许更侧重于赠送自行印刻者,但亦有人以历日为书,与手帕并送。如张宁作《答魏孔渊书》曰:"春末始得廷表寄书,及领历日、手帕之惠,知平安。"[3]又如毛宪《与蒋守谦》称"昨岁屡贡短札,拙诗未承回示,腊底辱手翰兼枕履、帕、历之惠。"[4]还有杨守陈作《与刘钦谟书》云:"人至辱赐,诸

[1]文徵明:《文徵明集》卷14《甲寅除夜杂书》,上海:上海古籍出版社,1987年,第383页。
[2]徐𤏡:《鳌峰集》卷15《癸卯除夕》,《续修四库全书》第1381册,上海:上海古籍出版社,2003年,第268页。
[3]张宁:《方洲集》卷17《答魏孔渊书》,《景印文渊阁四库全书》第1247册,台北:台湾商务印书馆,1986年,第425页。
[4]毛宪:《古庵毛先生文集》卷1《与蒋守谦》,《四库全书存目丛书·集部》第67册,济南:齐鲁书社,1997年,第414页。

公和章欣诵再四,感佩良深,去岁承惠历书,兹复有罗帕之贶,已领雅意……"[1]虽非同时赠送历、帕,但叙述中也寓有二者并列的含义。

　　除了历、帕并送之外,时人亦有历、炭并送者。如俞允文《除夕陆光禄丈遗新历、乌薪,作此奉谢》云:

> 　　高卧无心岁月迁,门前绿水地仍偏。烟霞室静长生白,薜荔帷深自草玄。重荷乌薪暄永夜,兼将凤历报韶年。疏慵每愧追陪久,数枉缄书意独怜。[2]

又如王穉登为拜谢某傅姓京官之赠,作笺《历炭》:

> 　　玉历乌银,拜命之辱,历占甲子,薪御春寒。贫里生获之,不胜暴富乞儿乎![3]

乌薪、乌银者,实为木炭也。凤历、玉历,即为历日。年末隆冬季节送炭,正当其时,颇有雪中送炭之意,岁尽而赠来年历书,其意亦如此。

　　送历时间一般为年前,或新年前后数日。岁后送历,则稍嫌迟,如某年正月十九日,周用赠历严嵩,并作诗《正月十九日送历日与介溪而以不及早为耻,戏次水镜堂韵一首自解》曰:

---

[1] 杨守陈:《杨文懿公文集》卷14《与刘钦谟书》,《丛书集成续编》第186册,台北:新文丰出版公司,1991年,第168页。

[2] 俞允文:《仲蔚先生集》卷6《除夕陆光禄丈遗新历、乌薪,作此奉谢》,《续修四库全书》第1354册,上海:上海古籍出版社,2003年,第452页。

[3] 该诗载徐渭辑:《古今振雅云笺》卷8,《四库禁毁书丛刊·集部》第18册,北京:北京出版社,2000年,第221页。

此日《豳风》听说诗，竞辰有意不妨迟。九门密迩方祈谷，二月相将莫卖丝。顾我桑榆犹未晚，傩君朱墨并无疵。题封凭仗阳春脚，为报江南草木知。[1]

也有士大夫二月底才收到新历的，时间已太迟，如程敏政作《二月廿八日吕侍御惠新历》：

春风疑不到山城，两月阴无几日晴。玉历初分试披检，已惊时节近清明。[2]

明人还有寄送历日给远方亲朋好友之风俗。如吕坤作《与讲学诸友书》中有云："寄去历日一册，以识中兴之功；课道脉一幅，以示传心之要。"[3]又如陈献章作《与余通守》：

某启，今日里长付到黄历五本，前此寄来乡试小录一本，具有封识，已一一验领。叠辱台贶，岂胜荣幸，某本田野之人，滥竽士列，几于公卿之门，惟知尊敬尽礼而已，不敢随众奔走以负。其初其有赐于某者，既于家中拜受更不进谢，惟照亮不具。[4]

---

[1] 周用：《周恭肃公集》卷5《正月十九日送历日与介溪而以不及早为耻戏，次水镜堂韵一首自解》，《四库全书存目丛书·集部》第54册，济南：齐鲁书社，1997年，第651页。
[2] 程敏政：《篁墩集》卷86《二月廿八日吕侍御惠新历》，《景印文渊阁四库全书》第1252—1253册，台北：台湾商务印书馆，1986年，第674页。
[3] 吕坤：《吕兴吾先生去伪斋文集》卷4《与讲学诸友书》，《四库全书存目丛书·集部》第161册，济南：齐鲁书社，1997年，第128页。
[4] 陈献章：《陈献章集》卷2《与余通守》，北京：中华书局，1987年，第206页。

献章乡居时,竟收到官场朋友寄来历日、乡试录等,颇为不易,去信时自当好言感谢一番。

又如《文氏五家集》收有《初冬读赵文敏公诗可爱追次其韵》:

> 雨歇云轻漏日光,庭前橙橘已经霜。故人远寄新颁历,瓦鼎时焚内府香。自觉心闲身亦健,何妨暑短夜偏长。兴来秉烛窗前坐,随意欣然榻硬黄。[1]

《文氏五家集》还收有《申政府寄书、历至》:

> 归来重葺虎丘居,地僻时回长者车。喜见春王新岁历,欣看厚禄故人书。公孙延士犹开阁,玄晏穷愁自闭庐。莫问疏慵只如昨,文园终合卧相如。[2]

此诗以汉朝丞相公孙弘来比照当世的"申政府",看来这位"厚禄故人"应该是指申时行。《五家集》收文洪、文徵明、文彭、文嘉、文肇祉五人诗文,而申氏于万历十一年(1583)九月成为内阁首辅,那么这首诗的作者,应该是年代较晚的文肇祉(1519—1587)。

从上述诗文可见,士大夫获得历日并非易事,因此,也有官员寄送大量历日回乡者馈送者。如嘉、万间人方弘静尝称:"余宗人

---

[1]文洪等:《文氏五家集》卷13《初冬读赵文敏公诗可爱追次其韵》,《景印文渊阁四库全书》第1382册,台北:台湾商务印书馆,1986年,第588页。

[2]文洪等:《文氏五家集》卷13《申政府寄书、历至》,《景印文渊阁四库全书》第1382册,台北:台湾商务印书馆,1986年,第586页。

为瑞州太守,岁暮寄历二柜散与故乡相识,盗发视之,怒其无获,遂斫其仆至死。"[1]此类记载,均可反映出明代社会惠寄历日风气盛行。

有些时候,一些士大夫因无人送历日来,往往会致书请求亲友惠赠,并附诗文,如孙鑨作诗《乞历》云:

> 葭飞玉管一阳初,寒寄吴门夜拥炉。太史历传新岁月,旅人吟向旧江湖。不知躔度星多少,为问年来闰有无。可得山中颁《大统》,春风诗酒慰狂夫。[2]

官府颁历民间时,分配严重不均,历日遂成为紧俏物资,为特权阶层垄断支配,士大夫们获得此物,常需行走特定门路。万历间人孙高亮曾作《于少保萃忠传》,记述名臣于谦事迹,该书既据正史,兼有文学创作,其中记载一些具体事件虽未必真实发生,却是出于当时社会状况之基础,必有所本。今据该书第二回:

> 乃别父母,一径行到布政司,来正值范公坐堂,公即趋见范布政。范公一见公谒,心中甚喜,忙问曰:"生员为何事到此?"公乃禀曰:"生员向蒙老大人珍惠,数月在远处攻书,未及叩谢,近因岁逼回家省亲,生员见父母有忧色,叩问之,为因家寒,岁迫百物无措,不瞒老大人说,虽薪米亦不能给,生员心

[1] 方弘静:《千一录》卷18,《续修四库全书》第1126册,上海:上海古籍出版社,2003年,第336页。
[2] 孙鑨:《端峰先生松菊堂集》卷16《乞历》,《四库全书存目丛书·集部》第147册,济南:齐鲁书社,1997年,第153页。

下惶惶,敢来叩谒大人,欲求黄历数块货卖,聊充薪米,供膳二亲,惟老大人怜而赐之。"范公闻言,即令书吏取绵纸黄历数十块送公。[1]

因明朝大统历日封面是黄纸印刷,故民间有称之为黄历。小说中,于谦早年家境贫寒,临近岁末,于父手头拮据,无钱置办年货。于谦为养家糊口,前往官府,谒见识才伯乐范公,请求资助。于谦所求不为财物,但请赐以官历若干,取之售卖得钱款,为奉养双亲,度过年关之计。

作者叙述此种场景,正是对明代社会状况的真实反映,彼时代有官方背景者,能够结交达官贵人,获得历日,甚至将之售卖获取钱物,无门路者,多方求历而不得,只得求购于前者。但是,这种交易并不为官方正式认可,只能私下进行形成黑市。

第四节　明代历书的地域流动
——从地方到中央

本节主要讨论明代区域颁历体制下的一种奇特的社会现象:明代中期,各布政司历日大规模向直隶地区流动。起初,这并非是政府行为,而是地方官员私行输送历日,笔者称为"官历私运"。

---

[1] 孙高亮:《于少保萃忠传》卷1第2回,《古本小说集成》第2辑,上海:上海古籍出版社,1994年,第21—22页。

一、起因：宣德十年削减历日费

洪武十三年（1380）确定区域颁历体制，直隶府州，由钦天监印造颁给，"十二布政司则钦天监预以历本及印分授之，使刊印以授郡县，颁之民间"。[1]明成祖通过靖难之役夺位后，开始经营北京并迁都于此，形成明朝两京体制，北平布政司改称北直隶。是故北京钦天监负责印制北直隶历日，南京钦天监负责南直隶。

洪武朝免除历日工本费用之后，全国印历数额，已无法得知其详。明代前期钦天监印制历日，今可考者，仅见宣德末、正统初之数目。明英宗即位之初，有敕曰"凡事俱从减省"，故削减行在诸衙门冗费。据行在礼部尚书胡濙等议，乃确定减省用度如下：

> 钦天监历日五十万九千七百余本，省为十一万九千五百余本；太医院药材九万八千一百余斤，省为五万五千四百余斤；光禄寺糖蜜果品减旧数三分之二，其添造腌腊鸡鹅猪羊二万七千只、子鹅二千只、酥油四千斤，尽行革罢……[2]

盖宣德末年制度，钦天监印造历日509 700余本，按民历每本17页、有闰之年18页估算，每年征敛纸张超过千万，此次裁减用度规模较大，裁减历日印数390 200本，约为原数的77%，用纸也相应减

---

[1]《明太祖实录》卷130"洪武十三年二月辛卯"条，第2064页。
[2]《明英宗实录》卷2"宣德十年二月戊辰"条，第61页。

省为两百余万张。

美国学者Thacher Elliott Deane较早注意这次政策调整。按宣德朝例,明钦天监历日数额较之元代天历元年(1328)内腹里所售历日总数57万余本约少12%。[1]Deane氏按元朝地域售历比例,推算得明朝当时全国供应历日总数约270万本左右,他又按全国一亿人口,每户五人估算,得出平均每七户人家拥有一册历日的结论。[2]笔者认为,这种推断不够妥当,原因有二:一为元明二朝历日供应方式不同,元代实行历日专卖,有市场机制参与作用,而明代历日发行有其特定运作形式,民间提供历日纸料,官方负责印刷,免除工本,两朝情况有着本质不同;其二为两朝行政区划变化较大,元朝内腹里即中书省直辖的首都附近地区,地域广阔,包括今河北、山东、山西及内蒙古部分地区,较之明代北直隶地方要大得多,故其估算需要重新考虑。

明代国家财政体系中,钦天监造历用纸来自地方贡赋。朝廷下达行政命令,将其与太医院药材、光禄寺厨料一并裁省,可以肯定的是,地方负担确实有所减轻。但朝廷这次裁省却忽视了一个

---

[1]《元史》记载天历元年(1328)历日财政状况曰:"历日总三百一十二万三千一百八十五本,计中统钞四万五千九百八十锭三十二两五钱。内腹里,[五十]七万二千一十本,计钞八千五百七十锭三十一两一钱;行省,二百五十五万一千一百七十五本,计钞三万七千四百一十锭一两四钱。大历,二百二十万二千二百三本,每本钞一两,计四万四千四十四锭三两。小历,九十一万五千七百二十五本,每本钞一钱,计一千八百三十一锭(三)[二]十二两五钱。回回历,五千二百五十七本,每本钞一两,计一百五锭七两。"《元史》卷94《额外课》,北京:中华书局,1976年,第2403—2404页。

[2]Thacher Elliott Deane, "*The Chinese Imperial Astronomical Bureau: Form and Function of the Ming Dynasty Qintianjian from 1365 to 1627*", Ann Arbor, Mich.: UMI, 1990, pp.322.

重要问题，即历日纸张与太医院药材、光禄寺厨料等项相比，征敛路径类似，但用途却有着重大差异。太医院药材、光禄寺厨料之类，仅供应极少数人群，而造历则是服务全体臣属，是关系国计民生的大事。朝廷削减钦天监印造历日数目后，造成直隶地区历日供应严重不足。

天顺四年（1460），英宗命钦天监每岁增造《大统历》五千本给司礼监，在正统朝基础上，加权共计124 500本左右。前文论述成化十六年钦天监历日纸用度，笔者推算得纸数为264万张，就算全数用来印造民历，最多可成约15万册，仅达到宣德朝印数的30%左右。

二、"官历私运"成风

明代历日并不普及的现象，黄云眉、王天有已经较早注意到[1]，所据为成化、弘治间人陆容《菽园杂记》之记载：

> 朝廷礼制，颁历其一也。颁者自上布下之谓，钦天监所进者，既颁于内廷，则京尹及直隶各府领于司历者，当各颁于所部之民。各布政司所自印者，亦当如是。今每岁颁历后，各布政司送历于内阁，若诸司大臣者，旁午于道，每一百本为一块，有一家送五块者、十块者、廿块者，各视其官之崇卑，地之散要，以为多寡。诸司大臣又各以其所得馈送内官之在要津者，京师民家多无历可观，岂但"山中无历、寒尽知年"而已哉。

---

[1] 王天有：《明代国家机构研究》，北京：北京大学出版社，1992年，第112页。又见：黄云眉《明史考证》，第1册，北京：中华书局，1986年，第289页。

此风不知始于何年,今殆不可革矣。[1]

钦天监印制历日经大幅度削减后,朝廷官员每年仍在颁历仪式上领取,或从司礼监领取,不必为之烦心,而京师民家,历日供应就难以保障了。关于"山中无历日,寒尽不知年"之语,本是唐代隐者谓远乡僻壤,官颁历日难以抵达的情况,现在天子脚下,竟然也出现了一历难求的局面。

另一方面,各布政司历日,由朝廷授予历样、印信,皆自行印刷颁给民间。地方财政用度相对于中央有一定独立性,其每年所印历日,很容易成为官府人士所垄断的资源。历日成为京师奇货后,一些地方官员进京时,常借职务之便,侵占布政司官历带到直隶分送,以结交权贵。外官常按京官品职大小、地位关键送历,其多者有收历日达数千册,京官又常以所收官历再行转送权宦要人等,历书日渐向特权阶层集中。

陆容感叹不知此风起于何时,从笔者目力所及,这种地方官员私运官历进京的现象,最早在正统年间就已出现。正统十三年(1448),据广东按察司佥事韦广先奏称"左参议杨信民进表如京,

---

[1] 陆容:《菽园杂记》卷4,北京:中华书局,1985年,第39—40页。另外,清人王士禛曾对这条材料有过评述,引录如下:"《菽园杂记》言:明时颁历后,各布政司送历于诸司大臣,旁午于道,每百本为一块,有一家送至十块、二十块者。诚亦太费,然亦可以见当时物力之饶。余为侍郎总宪时,本衙门司务领历不过二十册。至为刑部尚书,则不过十余册耳。及家居,本院司所送,总计不过五六册。此亦物力盈绌之一征也。"王氏解读这条史料时,联系到当下衙门获历不多的情况,认为这是不同时代物力丰绌的表征,实际上,他对明代社会馈赠历日的历史现象认识不够深入,以至于出现了误读。王士禛:《古夫于亭杂录》卷4《送历》,北京:中华书局,1988年,第86页。

私持未颁历千余本为馈资"。[1]

地方官员侵占官历,用来送礼结交在京权贵,此风在成化、弘治二朝已颇为显著,故时有朝臣参奏此弊者,《明实录》所载相关章奏也为今人理解这种特殊社会现象提供了有益信息。

如成化七年(1471)七月,湖广按察司佥事尚褫上言五事,内中一款为:

> 《大统历》我国家正朔所系,近在外两司官视为家藏之书,滥作私门之馈,纸费动以万计,航运巨如山积,无非藉以结权豪,求名誉而图升荐也,士风之坏此其一端。臣请敕礼部条议为令,今后务使纸数有常,印造有额,而私馈者有罚。[2]

各布政司官员侵占公物,耗纸成千上万,历本堆积如山,然后又动用官船,从水路堂而皇之运到京城,私馈豪门权贵。部分官员为一己私利,浪费公帑到如此程度,正是当时士风败坏的真实写照。

又如成化七年(1471)十二月,诸臣因星变上言,内中一款即合理规划印历的数量:"印造历日,内外各有定数,纸札俱系民财,乞戒以不得多造私充馈物。"[3]

成化十一年(1475)七月,钦天监掌监事太常寺少卿童轩上言:"比者天下布政司官因事来京,多以历日分送京官,所积既多,

[1]《明英宗实录》卷163"正统十三年二月戊辰"条,第3162—3162页。
[2]《明宪宗实录》卷93"成化七年七月己卯"条,第1784—1786页。
[3]《明宪宗实录》卷99"成化七年十二月辛巳"条,第1897—1903页。

至于市中贸易诸物,轻亵殊甚,宜通行内外,严加禁革。"[1]部分京官收获历日颇多,竟然私下将之投放黑市交易货物,这种现象可以反衬出当时京中民家通过正常途径领取历日之难。

弘治七年(1494)五月,钦天监天文生闻显上书言五事,其二款为"遵制书",略曰:"近在外布政司等官到京,每年各以历馈送,或货卖京民,至以易食物,轻亵国制,乞行禁治。"[2]此事经礼部讨论后,竟回复称:

> 钦天监进历颁行之后,即分布内外各衙门,盖欲小民知耕作早晚之宜,识吉凶趋避之道,所宜远近通传。京城官吏军民何止数千百万家,监历安能遍及,以故每年各布政司历流传到京,资助分布。(闻)显不谙大体,辄欲禁革,遂使公用之制书下同违禁之私物。宜行天下,凡监历传布出外,及各布政司历传布来京者俱勿禁,中有货卖及易物者,许巡按、巡城御史并五城兵马捕治之。[3]

礼部意见,应当是基于钦天监印历数额不足的现实情况,认可各布政司历流播到京、私行馈赠的局面,又强词夺理,称公用制书不应等同于违禁物品,反指闻显不识大体。至于有人将官历货卖或以之易物,实在有失体统,故请求禁绝。

弘治十八年(1505)三月,浙江等道监察御史臧凤等言十三事,内中一款为:"各处布按二司私将历日馈送势要,甚为民害,乞

---

[1]《明宪宗实录》卷143 "成化十一年七月庚申"条,第2650页。
[2]《明孝宗实录》卷88 "弘治七年五月戊戌"条,第1623—1626页。
[3]《明孝宗实录》卷88 "弘治七年五月戊戌"条,第1623—1626页。

加禁。"[1]

明代中叶，多有官员请求禁止地方官员私馈历日者，朝廷始终态度暧昧，未加严禁，故此现象层出不穷。以下举出两位直臣的例子，可为今人认识当时官场风气提供帮助。据《畿辅通志》载冯时雍事迹曰：

> （冯时雍）字子际，交河人，弘治进士，历官湖广左右布政使。方严孤介，僚属敬惮。入觐至都，馈诸朝贵人各历日数册而已，诸朝贵衔之，竟致仕。归，闭门养高，建董子祠以惠后学。士论重之。[2]

又据张萱《西园闻见录》记载杨继宗在嘉兴为官期间事：

> 时有内臣以监织造来，闻在他郡横加棰楚，以要重贿。公戒堂长弗之赂，惟远候之，公但以菱藕、历日贻之，内臣曰："我无用此，太守幸与我金钱或好布绢。"公曰："诺。"即出牒取库内金钱与内臣，市布绢馈之，曰："布绢金钱之去也，幸与印券附案，他日磨勘。"内臣咋舌，不敢受。[3]

盖其时，地方官拜会京官、内臣等，附赠历日已经成为最基本的官

---

[1]《明孝宗实录》卷222"弘治十八年三月甲午"条，第4187页。

[2]《畿辅通志》卷74，《景印文渊阁四库全书》第505册，台北：台湾商务印书馆，1986年，第818页。

[3]张萱《西园闻见录》卷10《刚方前·往行前·杨继宗》，《续修四库全书》第1168册，上海：上海古籍出版社，2003年，第252—253页。

场礼节,一些所谓正直之臣也不能免此俗,借此可以反映出送历风俗之盛行。

馈赠历日在官场如此流行,究竟其中玄机何在? 请看《西园闻见录》记载都御史徐恪事迹:

> 侍郎徐公恪为都御史时,巡抚某处,一太守送历日百本,每本有银叶一片,共约千两,开用方知,仍封固。后按其府,命太守领出,亦不言及,善处而得体。[1]

又,《江南通志》也记载有这个故事:

> 徐恪为御史,一太守送历日百,本有金叶一片,共约千金,恪将历封固。后按其地,命太守领历去,亦不言及。[2]

原来,很多时候地方官员赠送历日只是个幌子,其中夹带财物,实为结交权贵,是故此种现象普遍存在,甚至大行其道,当权者岂肯禁止? 以上两条记载,当是本于同一故事原型,唯传闻中历日所夹带之物,一为银叶,一为金叶,必有一为讹传。若以百片银叶价值千两计,每片银叶当重达十两,如此行贿或有不便;金比银贵重,同样的价值下,当使用黄金操作更为轻便;另外,黄金具有较强的延展性,更容易打造成金叶。以常理论之,故事原貌似以夹带金叶

---

[1] 张萱《西园闻见录》卷16《隐恶·往行·徐恪》,《续修四库全书》第1168册,上海:上海古籍出版社,2003年,第426页。

[2] 《江南通志》卷195《苏州府》,《景印文渊阁四库全书》第512册,台北:台湾商务印书馆,1986年,第727页。

更为合理。想来这种行贿方式在当时已颇为普遍,官场中人依此例行之,心照不宣而已。

官场中人以历日为私馈常物,所耗费用,无非是征敛于民间。至于下层的声音,可见诸李春熙《道听录》的记载:

> 古者,颁朔自朝廷而下逮邦国,敬授人时遗意也;今制,郡邑敛历日纸价,解纳藩司,藩司印造解京,偏投诸尊贵者,山积壤视,陈列御道旁出售,至秋夏不尽,则以涂壁,而下邑得一见者盖鲜。吾郡朗溪陈公仲录《梓春图》,尾纪一绝云:"民间无历日,历纸却征钱,我道春图好,相看也一年。"可谓深中时弊也。[1]

地方官员截留官历,私运进京馈送权贵,以致京城有些地方历本堆积如山,视若尘土,于是有人拿历日去公然当街变卖,售卖不完,便以其纸涂抹墙壁,结果造成极大浪费。某些地方,基层社会摊派负担印历纸张费用,却是长期一历难求,两者相较,又是何等不公!

布政司历日大量流入直隶,京官多有出售所获历日牟利者,这让直隶造历者怎生不眼红!弘治十年(1497)五月,南京吏科给事中郎滋等以灾异劾奏两京文武官之不职者,内中一款便是"钦天监监正李锤私卖历日,有伤国体"[2]。

明代中期,直隶历日供应不足,导致各布政司"官历私运"至京,严重冲击了旧有的区域颁历体制,为官场不正之风推波助澜,黑市交易大行其道,又浪费了政府公帑,造成了诸多荒唐的社会现

---

[1] 李春熙辑:《道听录》卷1,《续修四库全书》第1132册,上海:上海古籍出版社,2003年,第4页。
[2] 《明孝宗实录》卷125 "弘治十年五月甲辰" 条,第2226页。

象,充分反映出当时吏治之腐败、法纪之废弛。

第五节　明代中后期的政策调整

明代中叶,"官历私运"极为盛行,这种现象伴随着当时社会风气的败坏,已经成为常被指责的弊政。本节主要阐述朝廷对该问题的处理措施及演变路径,讨论明代后期的整改结果。

一、从"官历私运"到"官历官运"

嘉靖初年,张璁因大礼议脱颖而出,地位扶摇直上,官至华盖殿大学士。当时,世宗勤政求治,张璁也锐意进取,积极革除旧弊,先后策划出多项新政。张璁作《公颁历》一疏,推动了明朝历日供应方式的变革,官方开始了历日调度政策,改"官历私运"为"官历官运"。

张璁《公颁历》首先阐释了朝廷区域颁历机制,以及长期以来各布政司运送历日到京城的缘由:

> 臣仰惟国家奉若天道,颁历授民,法不私造。故内则钦天监推造,进之天子,赐百官于朝;外则各布政司翻刻,转发所属,普万民于野。纸扎工价皆取诸民,以其本为民也。先年各布政司解纸价于钦天监,解历于礼部及各衙门者,盖所以补颁给之不足耳。[1]

---

[1] 张璁:《太师张文忠公集》卷3《公颁历》,《四库全书存目丛书·集部》第77册,济南:齐鲁书社,1997年,第73—74页。

如前文所述,地方官员私自运历馈赠京师权贵已成惯例,京官受历甚众,常将之变卖,获利颇多,而远乡僻壤,常年求历不得。《公颁历》也对这些社会不正之风有着详尽描述:

> 奈何近年士习竞谀,寖失初意,皆以此为要结之媒,名虽公物,实通私惠。每遇新历进呈之日,预遣人员责送到京。在一人,则有公送、私送之名;在各衙门,则有大官、小官之等。历本堆积于权门,载乘夹屯于要路。送者不以为嫌,受者皆为应得。因之规利,习以为常,遂使大臣以圣世制书与贩子往来贸易,甚至使家人遍鬻都市,计所获一岁之利,可拟之禄入三品之资。京官有布政司官员送历,穷乡下邑,每散不敷,有一册而借遍数村者,有终岁而不得见者。即此一事,惠不博施,而况大于此者乎?[1]

田澍《嘉靖革新研究》曾根据上述内容,将这种社会怪相解读为“内外官员特别是京官私占历书而变卖钱财”[2],对该问题的认识并未能深入。归根结底,这些历日来自布政司,本质上是地方官员侵占官历,送给京官。正是因为地方官员长期馈赠渐成惯例,才形成了京城权贵们坐收历日、习以为常的局面,所以问题的根源,还是在各布政司。

张璁《公颁历》继续揭露当时的社会怪象:

> 臣又访得,解人中途时变卖,至京就贱买补,以取倍息,致有京官先期迎取越分强索者,有恶其后至而峻刑追逼者,弊端

[1] 张璁:《太师张文忠公集》卷3《公颁历》,《四库全书存目丛书·集部》第77册,济南:齐鲁书社,1997年,第73—74页。
[2] 田澍:《嘉靖革新研究》,北京:中国社会科学出版社,2002年,第14页。

滋蔓,上下沿袭。[1]

各布政司输送历日,以京城为终点,京官受历成规后,每年变卖颇多。这样京城黑市私历供应充盈、价格偏低,故多有解送人在运输途中变卖,到京城后,又以低价购买补足额数,赚取其中差价。这种状况造成一些京官不满,以至于派人先期前往运送途中堵截强行索取,还有因为送历后至而对解送者施以刑罚追逼的,种种行径,极尽强横霸道之能事。

张璁表示出对这些官场积弊的切齿痛恨,并提出了解决方案:

　　臣之切齿兹事,已非一日矣。兹从大臣之列,敢复坐视其弊乎?且授历以作事,告朔以贵始。陛下将兴唐虞之治,而兴革之道,正宜谨之于剥复之交也。且已解之历难以发回,将来之弊,相应预处。如蒙乞敕各省解历人役,俱送本院验收,止将四分之一照旧给各衙门散用,其余分给顺天府及在京各衙转发所属军民。如有官吏侵克,解人中途乘机变卖者,行令缉事衙门缉拿以赃罪。仍行各省巡按御史自嘉靖七年为始,查照递年解京历数量,将三分之二解赴礼部,内将一分解送各衙门,分散官吏,一分仍发顺天府及各衙,分散军民。抚、按官及按察司官,原非印历衙门,不许封寄历本。如布政司分外分送及大臣之家,有(买)[卖]历者,一体缉拿,将解人及大臣家人治罪。其所减一分,尽发各府州县,颁给小民。庶天下之人,

[1] 张璁:《太师张文忠公集》卷3《公颁历》,《四库全书存目丛书·集部》第77册,济南:齐鲁书社,1997年,第73—74页。

均沾履端之庆,且使知在位者非复前日趋势嗜利之徒矣。[1]

在明朝祖制,即区域颁历体制的基础上,直隶历日供应不足,导致各布政司自印历日大量流播进京,这才是造成这些丑恶社会现象的根本原因。张璁提出了具体解决方案:命御史查照各布政司每年解京历日数量,然后取其三分之二运到京城,由朝廷发放在京官民;又禁止抚、按及按察司官封寄历日,并严禁售卖历日;另外三分之一历日,命分发给基层民众。

张璁之议,认可各布政司历日流入直隶的局面,朝廷不必增加钦天监印历数目,与其让地方官员自行馈送官历,不如把这份送人情留给朝廷做。更为重要的是,张璁施政,常以维护祖制为支撑点[2],朝廷不能违背免除历日工本费的政策,历日不能成为商品变卖钱财。

朝廷采纳张璁之议,其处理方式较《公颁历》略有变化,据《(万历)大明会典》记载嘉靖七年(1528)事例曰:"令各布政司查照递年解京历数,量将四分之二解赴礼部。内将一分,送各衙门分散官吏,一分发顺天府及各卫,分散军民。其所减二分,尽发各府州县,颁给小民。"[3]

这次整饬,动作较大,畿辅人士孙绪曾回忆其师靳贵生前事迹,反映出朝廷颁历制度的变迁:

[1] 张璁:《太师张文忠公集》卷3《公颁历》,《四库全书存目丛书·集部》第77册,济南:齐鲁书社,1997年,第73—74页。
[2] 田澍:《嘉靖革新研究》,北京:中国社会科学出版社,2002年,第86—87页。
[3]《(万历)大明会典》卷103《历日》,《续修四库全书》第791册,上海:上海古籍出版社,2003年,第62页。

泾川张学士溁与先师介轩靳文僖公情好甚密,尝共奕赌新历,负一局,输新历十二册。……是时承平日久,故缙绅优游泮奂如此。数年来法网渐密,臣工非公事不得相过从。士夫家止许蓄新书一、二本,亲故求索,亦无以应,况藉以为赌资乎? 回首曩昔,不复可得。[1]

今案,张溁与靳贵同在正德朝官居要职,二人皆卒于正德末。正德年间,京官闲来博弈,随手取来历日为赌资,可见官衙中该物之充盈。孙绪本人于嘉靖初任太仆寺卿,旋致仕。上文既称靳贵谥号文僖,则其记事之时代应属稍晚,当为嘉靖前期。彼时代朝廷控制严密,京城士大夫群体获得历日已相当不容易,官场旧有的馈赠历日风气为之一变,借此可见"嘉靖革新"时期整肃法纪、澄清吏治之功效。

自嘉靖七年(1528)起,朝廷推行历日调度政策,各布政司每年例行解历至京,徐学谟于嘉靖三十六年(1557)作《题参浙江历日违限疏》,有助于今人了解其中概貌:

祠祭清吏司案呈:嘉靖三十六年正月初八日,据浙江布政司批差天台县典史林岳、淳安县典史陈科解到本年历日二十一万零二千本。查照《会典》,嘉靖七年奉钦依各布政司递年解京历数,量将四分之二,解赴礼部,将一分送各衙门分散官吏,一分发顺天府及各卫分散军民;又查得,嘉靖十九年

---

[1] 孙绪:《沙溪集》卷13,《景印文渊阁四库全书》第1264册,台北:台湾商务印书馆,1986年,第611页。

钦定以十月朔颁历,已经钦遵通行外。今据浙江布政司批文,于嘉靖三十五年十月二十八日发解,限十二月二十一日到部。典史林岳、陈科在途延捱,至今年正月初八日方到。历日纸张又多粗态,理合参究。等因案呈到部,臣等为照颁历之礼,累朝以来俱于每年十一月朔日,至我皇上俯念舆图广大,未易遍及,钦改以十月朔日,盖欲豫宣中外,知岁时之维新,遍示臣民,仰无远而弗届,此诚我皇上敬授人时之大权也。凡为臣者,所当钦遵,如期解给。今照浙江布政司起解之日,已愆颁历之期,典史林岳、陈科越岁到京,奚止稽程之罪,事干制典,俱属故违册。照解来历日纸张粗恶,一□如该处印造不公,则虚费民财,不无可惜。若解官在途倒换,则盗卖官物,尤当重究。但布政陈仕贤系二品官员,臣等未敢擅便,合无将典史林岳、陈科先送法司问拟,应得罪名,仍咨都察院,转行浙江巡按衙门,严提该吏究问,其干从官员径自参奏。及通行各布政司,今后解历不问地方远近,俱于颁历以前责差官吏,严立限程,依期到部,如有迟远,容臣等一体参究,庶制典大明,人知所警矣。缘系历日事理,谨提请旨。[1]

当时浙江布政司解送历日竟达21.2万本,根据这个数目,也可以推算出整饬之前,浙省官员私自运历进京的总数,约为42.4万本。浙江一省就例行输送京城历书如此之多,笔者估计各布政司每年解纳总数有上百万册。

---

[1] 徐学谟:《徐氏海隅集·外编》卷1《题参浙江历日违限疏》,《四库全书存目丛书·集部》第125册,济南:齐鲁书社,1997年,第211—212页。

因路途遥远、运送艰难,其间耗时费力,不可胜举。地方政府对此事也不甚积极,解京历日质量低下,发送延迟,运输途中也多有拖捱。两位典史押送解京,其抵部时间为来年正月,误期半个多月。礼部查得浙省于前一年十月底方才发解,这也有违朝廷颁历时限,故参劾该布政司并解送者。

礼部甚至进一步怀疑,解送小官是否在运输途中已经将官历倒换盗卖。其具体处理,有无下文,不得而知,但前述种种情形,皆反映出历日调度政策运作效率之低下。

二、运历折银

据张萱《西园闻见录》记载嘉靖朝事:

> 世庙时,以太仓缺乏,上诏公卿会议理财节用之法。吏部尚书吴公鹏建明欲裁省解京历日十分之七,大宗伯吴公山曰:"此朝廷正朔,欲令小民家至户晓,即费为不奢,况所费直毫毛之在马体耳,裁省之恐无益。"其议遂寝。已疏入,阁臣拟上,从中竟革解京历日十分之七。[1]

查《明七卿年表》,吴山、吴鹏同时在礼、吏二部尚书任上,约为嘉靖三十五年至四十年(1556—1561)[2],而明代政典之中,笔者仍未见到此事正式记载。

嘉靖三十七年(1558)三月,臣下上疏论理财事宜,世宗曰:

[1] 张萱:《西园闻见录》卷33《户部二·节省·往行·吴山》,《续修四库全书》第1169册,上海:上海古籍出版社,2003年,第55页。
[2]《明史》卷112《七卿年表二》,北京:中华书局,1974年,第3466—3468页。

"各省解送两京历日,第充私馈,宜悉行停革。令各该巡按将二项岁派银额查征,解部以三月为限,违者罪之。"[1]盖其时社会不正之风又有抬头,各布政司解送官历到京,朝廷接收后,京官仍取之私馈,看来嘉靖前期的情况好转,不过是昙花一现而已,故明廷将每年历日数额折为银两,要求各地仍旧运送来。这种货币化变革,实际上增加了中央政府的财政收入,或许与嘉靖朝开始的一条鞭法改革中"一概征银"思想相关。

万历初年,潘季驯任江西布政使,曾记载过当地历日财政状况。该省岁派各里甲缴纳,共计"银一千八百八十四两三钱九分四厘八毫,内将五百两解京,余银一千三百八十四两三钱九分四厘八毫,尽数印造历日"[2],该省解京数目,约占岁派历日银总额的27%。

今据明代万历初年的两种政书《万历会计录》《太仓考》,查得部分地区历日银数目,列表如下:

表5-3　各地解京历日银表

地区	历日银	来　　源
江西布政司	五百两	《万历会计录》卷1;《太仓考》卷4
湖广布政司	一千九十一两六钱	《万历会计录》卷1;《太仓考》卷4
河南布政司	七百一十五两九钱五分零	《万历会计录》卷1
浙江布政司	九百两	《太仓考》卷4
徐州	一十两	《万历会计录》卷1;《太仓考》卷3

[1]《明世宗实录》卷457"嘉靖三十七年三月癸酉"条,第7736页。
[2]潘季驯:《潘司空奏疏》卷5《勘过原任张布政复职疏》,《景印文渊阁四库全书》第430册,台北:台湾商务印书馆,1986年,第103页。

徐州属南直隶管辖,政书中提到的历日银,或许是指历日纸折色银。

四布政司解京历日银合计3 200余两,湖广、浙江已属较富庶地区,每年缴银千两左右,笔者估计全国解京历日银总数应该在万两以内。前期浙省解送历日21万余本,按银两比例推算,这些地区输送到直隶的历日共计约有75万本左右。

朝廷将解京历日折为银两,看似方便之举,却无形中使得原先"官历官运"的性质发生了彻底的改变。盖嘉靖初年张璁之原意,乃是缘自先前各布政司官员大量侵占官历,运送进京馈赠,故将相当数额改为官运,以此维持体统,遏制社会不正之风;另一方面,张璁之议的提出,就已经带有中央政府向地方征敛物资的意味。待到朝廷将历日折银,其意义就仅限于后者了,各布政司每年例行缴纳银两若干,已属赋役性质,完全蜕变成为朝廷对各布政司的敛财手段。

嘉靖以降,各布政司解京历日银已经成为进入财政体系,正式成为朝廷岁入之赋的一部分。如《明史·食货志》记载万历朝事例:"商税、鱼课、富户、历日、民壮、弓兵并屯折、改折月粮银十四万四千余两。"[1]

三、裁撤解京历日银及其影响

万历十四年(1586)宋纁任户部尚书时,努力推动减免额解赎银,据《明史》记载,当时"民壮工食已减半,复有请尽蠲者,纁因

---

[1]《明史》卷82《食货·会计》,北京:中华书局,1974年,第2006页。

并历日诸费奏裁之"[1]，于是各布政司解京历日银又被裁去。

不可否认，朝廷裁撤各布政司解京历日银之举，确实有减轻民间税负之功效，但此种做法又导致钦天监造历经费出现缺口。如前文引礼部李廷机万历三十二年（1604）《酌处历日疏》称钦天监历日纸银二千三百两，这个数字似乎持续到崇祯末年。

崇祯十七年（1644）三月，崇祯朝廷覆亡。五月，一帮明朝遗臣在留都南京拥立福王监国，随后即位，是为弘光帝。南明小朝廷以南京一套班子为基础，依北京之例施政，如南京钦天监开始印造次年历日即《大明弘光元年（1645）大统历》。

南京钦天监原先例行造历数额少于北京，故其请求增造如北京之制，因此需筹措造历经费。八月十三日，礼部尚书管绍宁上《造历公费疏》对此事有所记载，可为今人了解晚明直隶历日供应状况提供线索。兹引述相关部分如下：

> 该臣等察得：南都旧例，每年额征纸价银四百二十余两，造历一万一千一百一十一本，其银额派应天府八县并直隶宁国府、浙江布政司，每年六月内如数征解到部，转发该监印造，于十一月朔日颁行在京内外大小文武衙门并直隶一十七府州县，此历来之旧制也。今照圣主御南，新政备举，颁历授时，实为首务，且诸司官僚推补已倍，而颁历数目难拘旧额，若照北例印造，则纸价须用二千余两，在北派有额解，在南无从开征，但今颁行之期为时无几，需用纸张势难稍缓。合无察照该监监正杨邦庆题内缘繇，酌议措给银一千五百两，仰乞敕下

---

[1]《明史》卷224《宋缰传》，北京：中华书局，1974年，第5889页。

户、工二部，并应天府三衙门，每处先行那借银五百两，立时发监，办纸开工印造，完日造册，恭呈御览开销。臣部一面移文浙江、宁国并应天府属，遵将旧额银两作速[起解]前来，以济急需。仍乞敕下，该抚按官将前项银两就于南直各府照数派征，勒限解部，充还前借，历后逐年，永为定额。总之，在该监[察]为无米之炊，在臣部原非钱谷之主，不得不亟为酌[诸该]处，以裹大典。统候圣明，严敕各该衙门遵奉施行，为此具本，奉圣旨造历事，户、工二部、应天府每处先那借银五百两，该抚按官速将前项银两，就于南直各府，照数派征，勒限解部，永为定额。[1]

盖崇祯末年之制，南京印造历日11 111本，较之《（万历）大明会典》载嘉靖二十四年之数，已削减十万本，而所费历日纸张用度420余两，却超过了先前的370余两之数。又据南京杨钦天监正邦庆称，若依北京之例印造，纸张用银两千余两，而该项支出原先是"派有额解"。南明小朝廷已于六月内收到历日纸银420余两，仍须再筹措银两添买纸张、增加印数以满足供应，故从户、工二部并应天府三衙门每处借银五百两，共计1 500两，这样勉强凑到两千两的数额，然后买纸开工印造。两千两约为420余两的5倍，故据此可推断北京钦天监造历数目大致是南京的五倍左右，约合五六万本。

　　如前文提及李廷机任礼部尚书期间事例，自万历中叶以来，钦

[1]　管绍宁：《赐诚堂文集》卷4《造历公费疏》，《四库未收书辑刊》集部第6辑第26册，北京：北京出版社，2000年，189—190页。

天监造历纸银长期维持在两千余两的水平。而到崇祯末年，钦天监印历数额只有宣德十年（1435）印数119 000余本的一半左右，显然不能满足北直隶地区的需求。

明代长期恪守洪武朝祖制，颁历民间免除工本费，历日供应问题始终没有正式走向商品化。明中后期的改革，并没有从根本上解决历日供应问题，国家印历财政紧张、用度窘迫的情况一直持续到明朝的灭亡。

本章小结及余论

本章对明代普通官民的历书供应情况以及财政问题进行了系统研究，展现出颁历制度与国家赋役体系以及社会文化的多面关系。

明洪武制度，历日由官方印造，免除工本费发放民间。明廷发行供应历日，有其特定区域颁历体制，即钦天监负责印制直隶历日，各布政司则由朝廷预先发给历日印，待每年礼部发来历样，照样刊印行，盖上历日印，颁给民间。官府造历用料如纸张、印刷耗材等，皆是来自民间贡赋，明初所定，民间解纳历日纸张等实物，明代中叶以后，开始改为折色银两上缴。

明朝京官有专处领历，而民间获得历日，往往需要通过官府渠道。明制，历日不应售卖，因此送历风俗相当盛行。很多时候，官颁历日已经成为一种紧俏物资，由特权阶层垄断支配，故分发不均的现象相当普遍。士绅阶层有官方背景者，常常获得馈赠历日颇多，甚至私下将之出售牟利，而普通民众，却常常是一历难求。

明廷于宣德十年（1435）曾大幅度削减财政开支，钦天监历日印造本数降为原数的23%左右，该项用度长期没有得到应有的增加,因此直隶历日供应严重不足,这样又导致了各布政司历日大规模流入直隶,地方官员常借职务之便侵占大量官历,进京时馈赠权贵,即"官历私运",此举极大扰乱了原有的供应体制。官场馈赠历日成风,历书大量向权贵阶层集中,资源分配严重不均,黑市交易大行其道,甚至造成极大的物资浪费。

嘉靖初年,朝廷采纳张璁之议,在维护祖制的基础上进行大力整饬,改"官历私运"为"官历官运":合计各布政司每年解京历日数额,取其半数输送直隶分发官民。此种政策耗时费力、效率低下,嘉靖后期,朝廷要求各布政司解京历日折为银两,进而演变成为中央对地方的敛财手段。万历时代,裁撤各布政司解京历日银,又导致钦天监印历数额不足,这种情况持续到明朝灭亡。

就朝廷与万民而言,颁历也可体现为供需关系,内中包含生产与分配两个关键要素。有明一代,政府同时具备历书生产者与分配者的双重身份。

宋元时代的历日专卖制度,使政府获利颇丰,该项甚至成为国家财政收入中一个不可忽视的组成部分。明代颁历民间,计划价格低到极端,几近于免费派送,对官府而言,这是一项非营利性事业,甚至造成开支负担,因此有意无意减弱了对它的重视程度,更难有动力增加资源投入。明廷为节省用度,大幅削减了钦天监历日印数,不能满足直隶地区供应,历书进一步成为紧俏物资,甚至出现了地域流动现象。

从经济学角度看来,颁历普通民众过程中存在着产权问题。宋元时代,历书的分配行走市场路径,史籍所载账目明确,出售一册,则上缴一份钱款给中央政府,产权界定清晰,相关官吏在此过程中仅仅扮演着代售者的角色,无从侵占公物。明洪武朝免除工本费,却导致历书产权界定不清。朝廷颁历民间,落实下去,需要透过行政体系展开,若干官吏成为分配的实际操作者,他们有着公器私用的职务之便。随着时间的推移,官员群体进一步垄断资源,可以根据自己的需要或喜好来处理历日。送历之风盛行,历书这一物品,逐渐成为官员及士大夫之间社会资源交换的筹码。

历书短缺,加上分配不公,民间获历困难重重,于是有人抓住机会倒卖官历。通过人情关系获得的历书,在黑市出售,从而实现货币形式的利润。倒卖者趋利而来,对资源进行了重新配置,又是合乎市场规律的行为。

明太祖创制时理想化色彩过浓,却无意中背离了经济规律,而制度的具体细节,朝廷又设计得相当粗疏。两个多世纪的运作过程中,制度形态的发展与创立者的理想渐行渐远,衍生出了诸多社会怪象。

结 语

　　人类社会需要统一的时间作为共同秩序。在古代中国,乃至东亚世界,国家层面的颁历授时活动,具备社会治理和彰显统治权威的双重意义。大凡新朝之建立,有建年号与颁新历的传统,国家机器亦以严刑峻法禁止私历,保障皇朝正朔之推行。民族政权亦仿汉制颁历,周边国家如日本、朝鲜、越南等,也有制历颁发之举措,但具体表现形式有异。基于本书对纪年表问题的讨论,可见有些民族政权正统意识并不浓厚。又如蒙元入主中原之初,虽无年号纪年,却也向民间颁发历书,盖其时承袭金朝传统,售卖历日以牟利。此外,一些藩属国家,譬如朝鲜,因诚心遵奉中原王朝正朔之故,制历颁发的独立性并不强。

　　元世祖忽必烈时期,进一步仿照汉制施政,强化本朝的正统地位,建立国号、年号后,又建太史院、制《授时历》,还颁历给朝鲜、安南等藩属国。

　　洪武朝是有明一代颁历制度的形成与确立时期。太祖称帝之前,即建设了自家天文机构——太史监,不久后由刘基、高翼制成《戊申岁大统历》,颁于天下。明朝在逐步取代蒙元统治地位的同时,还颁历给了周边诸多藩属国家。明《大统历》主要沿用《授时历》的历法术文,因循元代历书的形制。明廷统治初定后,为了便于全国臣民及时授历,亦沿用了前朝的区域颁历体制,在诸布政司设置印历处,供应地方。

洪武时代更多的方面是创新。譬如仪式,明朝以前,并不存在君主御殿、百官朝服陪班的大规模颁历仪式。从开国之际到洪武末,明廷先后设置了"进历仪""颁历仪",其影响及于清代。太祖又以颁历授时为帝王之职,变更了宋元以来的历日专卖制度,免除了工本费用,向臣民供应历日。洪武朝还建立了颁赐王历制度,钦定《大统历》历注制度,以此区分选择活动,规范社会阶层,又确定王国受历礼仪、使节制度,赋予王历的使用者——天潢贵胄们——极高政治待遇。

明太祖以一介布衣起兵,建立了不世功业。他登基为帝后,随即根据心目中的政治理想,规划出统治秩序的蓝图,在明代历史上留下了深刻的烙印。明初奠基的颁历制度中,亦带有皇朝缔造者朱元璋的浓重个人色彩。

成祖登基后,明廷开始对颁历制度进行微调。永乐一朝,成祖在寻求统治合法性的同时,逐步强化皇权的至尊地位。对于"朝贡体系"下的诸多藩属国家,明廷开始颁赐亲王用历,以此笼络藩属国王。成祖还在洪武朝确定的《大统历》历注系统之外,钦定了御用《壬遁历》历注制度。诸多手段的实施,王历的地位变相降低了。

后世诸朝,明廷进行了一些实用性的调整。正统时代,开始由福建布政司提供给琉球国历日,嘉靖时由广西布政司颁历安南,就是沿用此例。嘉靖时代,王历受赐范围进一步扩张,王府受历方式出现简化。明廷面对区域颁历体制下的历书地域流动现象,采取了历日调度政策,最终又将这些历书折现。

需要强调是,后世诸代虽有变革,很多方面仍是在不同程度地因循旧制：譬如颁赐王历制度，王府受历虽有所简化，但仍由布政司代朝廷行颁历礼仪。还有历日供应问题，中央政府先是默许各布政司所造历日流入直隶补其不足，后来又通过行政手段聚敛各布政司历日，这种政策演变路径，却是对洪武祖制的维护——历日始终没能正式成为商品。

综上所述，本书尝试总结出明朝颁历制度的演进特征：从洪武初建时期的理想主义特色，到永乐时代为强化皇权而进行的微调，以及后世诸朝在祖制基础上、有限程度趋于实用的变化。

附　录

明代颁历制度大事记

元朝至正二十四年（1364），即（韩）宋龙凤十年，吴王朱元璋建立官方天文机构——太史监，后来更名为太史院、司天监、钦天监。

吴元年（1367），太史院使刘基奉命造出新政权的第一部历日——《戊申岁大统历》，此历以《授时历》术文为基础。该年冬至日，朱元璋集团举行"进历仪"，颁历天下。

洪武元年（1368），依去年冬至太祖所定日期，颁历改为十月朔。

洪武初年，明朝取代元朝统治，开始颁赐《大统历》给周边藩属国家。

洪武六年（1373），颁历日期改为九月朔。

洪武六年、十三年（1380），明朝沿用元朝传统，最终确定了区域颁历体制。

洪武十三年，颁历日期改回十月朔。

洪武十五年（1382），太祖下诏，颁历民间免除工本费。地方供应造历物料，由官方印制。

洪武十七年（1384），造历去《授时历》"岁实消长"之法，并以洪武甲子(十七年)为历元。

洪武十八年(1385),确定王国受历等礼仪、使节制度。

洪武二十六年(1393),确定"颁历仪";颁历日期又改回九月朔。

洪武二十七年(1394),停止颁给朝鲜国历日。

洪武二十九年(1396),建立《大统历》历注制度,对民历与上历系统的选择活动进行区分。

洪武三十五年(建文四年,1402)八月,成祖改颁历日期为十一月朔。

永乐元年(1403),成祖下令颁历诸藩属国,着为定制。另据《朝鲜李朝实录》记载,李朝于永乐三年(1405)初收到了"黄绫面"历日,颁赐给藩属国王历属此次定制内容。

永乐七年(1410),确立《壬遁历》历注制度,王历的地位无形中有所降低。

宣德十年(1435),英宗登基后削减朝廷用度,钦天监历日由509 700余本,省为119 500余本。

正统二年(1437),辽东都司获准自印历日;琉球国历日开始由福建布政司颁降。

正统十三年(1448),钦天监编造来年历日始用北京昼夜时刻,十四年(1449)冬,景帝下令昼夜时刻改回南京旧制。

天顺四年(1460),英宗命钦天监每年增造《大统历》五千本,给司礼监。

约弘治年间(1488—1505)前后,朝廷依吴昊之议,各地解京历日纸开始折为银两。

嘉靖七年(1528),朝廷采纳张璁之议,改"官历私运"为"官历官运",即取各布政司每年私下解京历日数额一半,输送进京。

嘉靖十年(1531),以夏言为例,皇帝开始特赐王历给部分朝廷重臣。

嘉靖十九年(1540),颁历日期又改回十月朔,着为定制;颁赐王府历日方式开始简化,令各王府差人(贺冬至使)于颁历后到司礼监关领历日。又据《王国典礼》记载,后来由布政司代行朝廷职责,颁历王府,仍行礼仪,或是始于此时?

嘉靖二十一年(1542),明廷颁《大统历》于安南都统使司,命广西布政使司每岁印造,至镇南关颁给,着为令。

嘉靖三十七年(1558),解京历日折为银两运送。

万历十四年(1586),解京历日银被裁撤。

《明实录》记载朝鲜使臣领历事务一览

日　期	内　　容	来　源
正统元年十一月十二日	赐朝鲜国王李祹《大统历》，命其使臣南宫启赍回。	《明英宗实录》卷24
正统四年十一月十四日	赐朝鲜国王《正统五年大统历》一百本，命来使李思俭赍与之。	《明英宗实录》卷61
正统五年十一月十三日	颁赐朝鲜国《正统六年大统历》。	《明英宗实录》卷73
正统六年十一月初八日	命朝鲜使臣高得宗赍《大统历》一百本，及医方药味归赐其国王。	《明英宗实录》卷85
正统七年十二月十八日	赐朝鲜国王李祹《正统八年大统历》百本，命陪臣任从善赍与之。	《明英宗实录》卷99
正统八年十一月初七日	颁《正统九年大统历》一百本于朝鲜国，命来使李叔畤领回给之。	《明英宗实录》卷110
正统十年十一月初七日	赐朝鲜国王李祹《正统十一年大统历》一百本，命来使朴塽等领回给之。	《明英宗实录》卷135
景泰元年十一月初二日	赐朝鲜国《景泰二年大统历》一百本，命来使李思纯赍与之。	《明英宗实录》卷198
景泰四年十二月十八日	以明年《大统历》一百本赐朝鲜国李弘暐，付陪臣金允寿赍回。	《明英宗实录》卷236
天顺八年十一月初三日	赐朝鲜国王《成化元年大统历》。	《明宪宗实录》卷11
成化元年十一月廿一日	赐朝鲜国王《成化二年大统历》。	《明宪宗实录》卷23

日　期	内　　容	来　源
成化二年十一月廿四日	赐朝鲜国王《成化三年大统历》。	《明宪宗实录》卷36
成化五年十一月廿六日	赐朝鲜国《成化六年大统历》。	《明宪宗实录》卷73
成化六年十一月廿四日	赐朝鲜国《成化七年大统历》。	《明宪宗实录》卷85
成化八年十一月十七日	赐朝鲜国《成化九年大统历》。	《明宪宗实录》卷110
成化九年十一月廿一日	赐朝鲜国王《成化十年大统历》。	《明宪宗实录》卷122
成化十年十一月廿五日	赐朝鲜国王《成化十一年大统历》。	《明宪宗实录》卷135
成化十一年十一月廿六日	赐朝鲜国《成化十二年大统历》。	《明宪宗实录》卷147
成化十二年十一月十三日	赐朝鲜国《成化十三年大统历》。	《明宪宗实录》卷159
成化十三年十一月廿二日	赐朝鲜国《成化十四年大统历》。	《明宪宗实录》卷172
成化十四年十一月廿三日	赐朝鲜国《成化十五年大统历》。	《明宪宗实录》卷184
成化十五年十一月廿六日	赐朝鲜国《成化十六年大统历》。	《明宪宗实录》卷197
成化十六年十一月十六日	赐朝鲜国《成化十七年大统历》。	《明宪宗实录》卷209

（续表）

日　期	内　　容	来　源
成化十七年十一月二十日	赐朝鲜国《成化十八年大统历》。	《明宪宗实录》卷221
成化十八年十一月十六日	赐朝鲜国《成化十九年大统历》。	《明宪宗实录》卷234
成化十九年十一月十八日	赐朝鲜国《成化二十年大统历》。	《明宪宗实录》卷246
成化二十年十一月二十日	赐朝鲜国《成化二十一年大统历》。	《明宪宗实录》卷258
成化二十一年十一月十七日	赐朝鲜国《成化二十二年大统历》。	《明宪宗实录》卷272
成化二十二年十一月十九日	赐朝鲜国王《成化二十三年大统历》。	《明宪宗实录》卷284
成化二十三年十二月廿二日	给赐朝鲜国《弘治元年大统历》。	《明孝宗实录》卷8
弘治元年十二月十九日	赐朝鲜国《弘治二年大统历》百本。	《明孝宗实录》卷21
弘治二年十二月十七日	赐朝鲜国《弘治三年大统历》一百本。	《明孝宗实录》卷33
弘治三年十二月廿二日	赐朝鲜国《弘治四年大统历》一百本。	《明孝宗实录》卷46
弘治四年十二月十九日	赐朝鲜国《弘治五年大统历》一百本。	《明孝宗实录》卷58
弘治五年十二月廿一日	赐朝鲜国《大统历》一百本。	《明孝宗实录》卷70

（续表）

日　期	内　容	来　源
弘治六年十一月廿四日	赐朝鲜国《弘治七年大统历》一百本。	《明孝宗实录》卷82
弘治七年十一月十二日	赐朝鲜国《弘治八年大统历》一百本。	《明孝宗实录》卷94
弘治八年十一月廿一日	赐朝鲜国《弘治九年大统历》一百本……礼部奏冬至节例赐百官宴,上命免宴赐,以节钱钞。	《明孝宗实录》卷106
弘治九年十二月二十日	赐朝鲜国《弘治十年大统历》一百本。	《明孝宗实录》卷120
弘治十年十二月廿二日	赐朝鲜国《大统历》一百本。	《明孝宗实录》卷132
弘治十一年十二月廿六日	赐朝鲜国《弘治十二年大统历》一百本。	《明孝宗实录》卷145
弘治十二年十二月廿一日	赐朝鲜国《弘治十三年大统历》一百本。	《明孝宗实录》卷157
弘治十三年十二月廿三日	赐朝鲜国《弘治十四年大统历》一百本。	《明孝宗实录》卷169
弘治十四年十二月廿六日	朝鲜国王李隆遣陪臣礼曹参判李昌臣等,奉表笺、方物来贺正旦节。赐宴并彩缎衣服等物如例。赐朝鲜国《弘治十五年大统历》一百本。	《明孝宗实录》卷182
弘治十六年十二月廿七日	赐朝鲜国《弘治十七年大统历》一百本。	《明孝宗实录》卷206

日　期	内　容	来　源
弘治十七年十一月廿五日	赐朝鲜国《弘治十八年大统历》一百本。	《明孝宗实录》卷218
弘治十八年十二月廿六日	赐朝鲜国《正德元年大统历》。	《明武宗实录》卷8
正德元年十二月廿五日	赐朝鲜国《正德二年大统历》百本。	《明武宗实录》卷20
嘉靖元年正月十九日	赐朝鲜国大统历日。	《明世宗实录》卷10
嘉靖二年正月十七日	英宗睿皇帝忌辰，奉先殿行祭礼，遣建昌侯张延龄祭裕陵。颁是岁［历日］于朝鲜。	《明世宗实录》卷22；《校勘记》卷22
嘉靖二年十二月廿一日	赐朝鲜国王《嘉靖三年大统历》百本。	《明世宗实录》卷34
嘉靖五年正月二十日	赐朝鲜国大统历日百册。	《明世宗实录》卷60
嘉靖七年十二月三十日	赐朝鲜国明年《大统历》一百本。	《明世宗实录》卷96
嘉靖十三年十一月初五日	赐朝鲜国《大统历》一百册。	《明世宗实录》卷169
嘉靖十四年十一月十一日	颁赐朝鲜国《大统历》一百册。	《明世宗实录》卷181
嘉靖十九年十一月十七日	赐朝鲜国大统历日百本，给使臣领回。	《明世宗实录》卷243
嘉靖二十年十一月十五日	诏以《大统历》一百本颁赐朝鲜国，付入贡陪臣赉还。	《明世宗实录》卷255

（续表）

日　期	内　容	来　源
嘉靖二十一年十一月初七日	赐朝鲜国王《大统历》一百册。	《明世宗实录》卷268
嘉靖二十二年十一月十三日	赐朝鲜国明年《大统历》。	《明世宗实录》卷280
嘉靖二十三年十二月初四日	赐朝鲜国王明年《大统历》一百册。	《明世宗实录》卷293
嘉靖二十七年十一月初六日	颁明年《大统历》于朝鲜国。	《明世宗实录》卷342
嘉靖二十八年十一月十四日	赐朝鲜国王《二十九年大统历》一百册。	《明世宗实录》卷354
嘉靖三十二年十一月初六日	赐朝鲜国明年《大统历》百册。	《明世宗实录》卷404
嘉靖三十四年闰十一月初五日	赐朝鲜国明年《大统历》。	《明世宗实录》卷429
隆庆元年十一月廿六日	颁明年《大统历》于朝鲜，琉球国中山王尚元遣使贡马匹方物，宴（赏）[赉]如例。	《明穆宗实录》卷14；《校勘记》卷14
隆庆三年十一月初十日	赐朝鲜国明年《大统历》百（用）[册]。	《明穆宗实录》卷39
万历元年十一月廿五日	给朝鲜国大统历日一百本。	《明神宗实录》卷19
万历四年十一月十九日	颁朝鲜国《万历五年大统历》一百本。	《明神宗实录》卷56

日　期	内　容	来　源
万历九年十一月十八日	朝鲜国王李昖差刑曹参判柳希霖等正从三十四员,进冬至令节表文礼物,宴赍如例,仍给《十年大统历》一百本。	《明神宗实录》卷118
万历十六年十一月初五日	冬至令节,免朝……礼部请如例给赐朝鲜国历日一百本,报可。	《明神宗实录》卷205
万历二十二年十一月廿五日	给朝鲜国万历二十三年大统历日一百本。	《明神宗实录》卷279
万历三十五年十一月初六日	朝鲜国请明年历日百本,命礼部给云。	《明神宗实录》卷440

参考文献

文献

薄树人主编:《中国科学技术典籍通汇·天文卷》,郑州:河南教育出版社,
  1997年。

唐长孺主编:《吐鲁番出土文书》(肆),北京:文物出版社,1996年。

李修生主编:《全元文》,南京:江苏古籍出版社,1999年。

《明实录》,台北:"中研院"历史语言研究所校印本。

《朝鲜李朝实录》,东京:日本学习院大学东洋文化研究所印行。

《清实录》,北京:中华书局,1985年。

《承政院日记》,首尔:韩国国史编纂委员会,1961年。

北京图书馆古籍影印室编:《国家图书馆藏明代大统历日汇编》,北京:北京
  图书馆出版社,2007年。

故宫博物院编:《〈文献丛编〉全编》,北京:北京图书馆出版社,2008年。

黄正建主编:《天一阁藏明抄本天圣令校证》,北京:中华书局,2006年。

吴晗辑:《朝鲜李朝实录中的中国史料》,北京:中华书局,1980年。

王其榘编:《明实录·邻国朝鲜篇资料》,北京:中国社会科学院中国边疆史
  地研究中心,1983年。

刘菁华等编:《明实录朝鲜资料辑录》,成都:巴蜀书社,2005年。

吴柏森等编:《明实录类纂·文教科技卷》,武汉:武汉出版社,1992年。

何丙郁、赵令扬编:《〈明实录〉中之天文资料》,香港:香港大学中文系,
  1986年。

季永海、刘景宪译编:《崇德三年满文档案译编》,沈阳:辽沈书社,1988年。

崔震华、张书才主编:《清代天文档案史料汇编》,郑州:大象出版社,1997年。

(汉)司马迁:《史记》,北京:中华书局,1959年。

(汉)班固:《汉书》,北京:中华书局,1962年。

(刘宋)范晔:《后汉书》,中华书局,1976年。

(唐)令狐德棻:《梁书》,北京:中华书局,1973年。

(唐)房玄龄:《晋书》,北京:中华书局,1974年。

(后晋)刘昫:《旧唐书》,北京:中华书局,1975年。

(宋)薛居正:《旧五代史》,北京:中华书局,1976年。

(宋)欧阳修:《新唐书》,北京:中华书局,1975年。

(宋)王钦若等编:《册府元龟》,文渊阁《四库全书》本。

(宋)司马光:《资治通鉴》,北京:中华书局,1956年。

(宋)张舜民:《画墁录》,文渊阁《四库全书》本。

(宋)王谠编,周勋初校正:《唐语林校正》,北京:中华书局,1987年。

(宋)徐梦莘:《三朝北盟会编》,上海:上海古籍出版社,1987年。

(宋)岳珂:《愧郯录》,文渊阁《四库全书》本。

(宋)李心传:《旧闻证误》,文渊阁《四库全书》本。

(宋)谢深甫等:《庆元条法事类》,北京:中国书店1948年影印前燕京大学图
　　书馆藏本。

(宋)王应麟:《玉海》,南京:江苏古籍出版社,1987年。

(宋)周紫芝:《竹坡诗话》,《丛书集成初编》本。

(宋)窦仪等,薛梅卿点校:《宋刑统》,北京:法律出版社,1999年。

《大宋宝祐四年丙辰岁会天万年具注历》,南京:江苏古籍出版社1988年影印
　　《宛委别藏》本。

(元)脱脱等:《宋史》,北京:中华书局,1978年。

(元)脱脱等:《金史》,北京:中华书局,1975年。

(元)柯九思等:《辽金元宫词》,北京:北京古籍出版社,1988年。

(元)熊梦祥著,北京图书馆善本组辑:《析津志辑佚》,北京:北京古籍出版
　　社,1983年。

(元)宋鲁珍、何士泰撰,(明)熊宗立辑:《类编历法通书大全》,《续修四库全
　　书》本。

(元)傅若金:《傅与砺文集》,文渊阁《四库全书》本。

(元)黄溍:《金华黄先生文集》,《丛书集成续编》本。

（元）张昱：《张光弼诗集》,《四部丛刊续编》本。

（明）宋濂等：《元史》,北京：中华书局,1976年。

《诸司职掌》,《续修四库全书》本。

怀效锋点校：《大明律》,北京：法律出版社,1999年。

（明）李东阳编：《(正德)明会典》,文渊阁《四库全书》本。

（明）俞汝楫编：《礼部志稿》,文渊阁《四库全书》本。

（明）金日升辑：《颂天胪笔》,《四库禁毁书丛刊》本。

（明）何士晋：《工部厂库须知》,《续修四库全书》本。

（明）孔贞运辑：《皇明诏制》,《续修四库全书》本。

（明）李默、黄养蒙等删定：《吏部职掌》,《四库全书存目丛书》本。

（明）王圻：《续文献通考》,《四库全书》本。

（明）焦竑：《焦太史编辑国朝献征录》,《续修四库全书》本。

（明）邢云路：《古今律历考》,文渊阁《四库全书》本。

（明）丘濬：《大学衍义补》,郑州：中州古籍出版社,1995年。

（明）郎瑛：《七修类稿》,北京：中华书局,1959年。

（明）田艺蘅：《留青日札》,上海：上海古籍出版社,1985年。

（明）顾起元：《客座赘语》,北京：中华书局,1987年。

（明）沈德符：《万历野获编》,北京：中华书局,1959年。

（明）祝允明：《野记》,《国朝典故》本,北京：北京大学出版社,1994年。

（明）谢肇淛：《文海批沙》,《续修四库全书》本。

（明）孙高亮：《于少保萃忠传》,上海：上海古籍出版社,1994年。

（明）马愈：《马氏日抄》,《丛书集成初编》本。

（明）戴冠：《濯缨亭笔记》,《续修四库全书》本。

（明）蒋一葵：《尧山堂外纪》,《续修四库全书》本。

（明）陆釴：《病逸漫记》,北京：中华书局,1985年。

（明）皇甫录：《皇明纪略》,北京：中华书局,1985年。

（明）文秉：《烈皇小识》,上海：上海书店,1982年。

（明）陆容：《菽园杂记》,北京：中华书局,1985年。

（明）张萱：《西园闻见录》,《续修四库全书》本。

（明）方弘静：《千一录》,《续修四库全书》本。

（明）李春熙辑：《道听录》,《续修四库全书》本。

（明）郑仲夔：《玉麈新谭》,《续修四库全书》本。

（明）沈有容：《闽海赠言》，《台湾文献丛刊》本。

（明）沈国元：《两朝从信录》，《四库禁毁书丛刊》本。

（明）平显：《松雨轩诗集》，《丛书集成续编》本。

（明）罗洪先：《念庵文集》，文渊阁《四库全书》本。

（明）马世奇：《澹宁居诗集》，《四库禁毁书丛刊》本。

（明）皇甫汸：《皇甫司勋集》，文渊阁《四库全书》本。

（明）刘春：《东川刘文简公集》，《续修四库全书》本。

（明）姜采：《敬亭集》，《四库全书存目丛书》本。

（明）夏濬：《月川类草》，《北京图书馆古籍珍本丛刊》本。

（明）何景明：《大复集》，文渊阁《四库全书》本。

（明）祁顺：《巽川祁先生文集》，《四库全书存目丛书》本。

（明）李濂：《嵩渚文集》，《四库全书存目丛书》本。

（明）夏言：《夏桂洲先生文集》，《四库全书存目丛书》本。

（明）岳正：《类博稿》，国家图书馆藏明嘉靖十八年刻本，文渊阁《四库全
　　书》本。

（明）于慎行：《谷城山馆诗集》，文渊阁《四库全书》本。

（明）徐学谟：《徐氏海隅集》，《四库全书存目丛书》本。

（明）张宁：《方洲集》，文渊阁《四库全书》本。

（明）倪岳：《青溪漫稿》，文渊阁《四库全书》本。

（明）李开先：《李中麓闲居集》，《四库全书存目丛书》本。

（明）陈献章：《陈献章集》，北京：中华书局，1987年。

（明）朱诚泳：《小鸣稿》，文渊阁《四库全书》本。

（明）刘麟：《清惠集》，文渊阁《四库全书》本。

（明）邹迪光：《始青阁稿》，《四库禁毁书丛刊》本。

（明）李开先：《李中麓闲居集》，《四库全书存目丛书》本。

（明）文徵明：《文徵明集》，上海：上海古籍出版社，1987年。

（明）程敏政：《篁墩集》，文渊阁《四库全书》本。

（明）徐熥：《鳌峰集》，《续修四库全书》本。

（明）杨守陈：《杨文懿公文集》，《丛书集成续编》本。

（明）毛宪：《古庵毛先生文集》，《四库全书存目丛书》本。

（明）俞允文：《仲蔚先生集》，《续修四库全书》本。

（明）周用：《周恭肃公集》，《四库全书存目丛书》本。

（明）吕坤：《吕兴吾先生去伪斋文集》，《四库全书存目丛书》本。

（明）张治：《张龙湖先生文集》，《四库全书存目丛书》本。

（明）孙鑨：《端峰先生松菊堂集》，《四库全书存目丛书》本。

（明）张璁：《太师张文忠公集》，《四库全书存目丛书》本。

（明）张永明：《张庄僖文集》，文渊阁《四库全书》本。

（明）李廷机：《李文节集》，《四库禁毁书丛刊》本。

（明）李廷机：《李文节集》，《明人文集丛刊》本。

（明）郭正域：《合并黄离草》，《四库禁毁书丛刊》本。

（明）孙绪：《沙溪集》，文渊阁《四库全书》本。

（明）徐学谟：《徐氏海隅集》，《四库全书存目丛书》本。

（明）沈一贯：《敬事草》，《续修四库全书》本。

（明）潘季驯：《潘司空奏疏》，文渊阁《四库全书》本。

（明）叶向高：《纶扉奏草》，《四库禁毁书丛刊》本。

（明）倪元璐：《倪文贞诗集》，文渊阁《四库全书》本。

（明）左光斗：《左忠毅公集》，《四库禁毁书丛刊》本。

（明）管绍宁：《赐诚堂文集》，《四库未收书辑刊》本。

（明）徐渭辑：《古今振雅云笺》，《四库禁毁书丛刊》本。

（明）陈子龙编：《明经世文编》，北京：中华书局，1962年。

（明）文洪等：《文氏五家集》，文渊阁《四库全书》本。

《王阳明全集》，上海：世界书局，1936年。

（明）沈榜：《宛署杂记》，北京：北京古籍出版社，1982年。

（明）黄润玉：《成化宁波府简要志》，《四库全书存目丛书》本。

（明）唐锦：《正德大名府志》，《天一阁藏明代方志选刊》本。

（明）沈朝宣：《嘉靖仁和县志》，《四库全书存目丛书》本。

（明）钟崇文：《隆庆岳州府志》，《天一阁藏明代方志选刊》本。

（明）申时行编：《（万历）大明会典》，《续修四库全书》本。

（明）朱勤美：《王国典礼》，《北京图书馆古籍珍本丛刊》本。

（日本）《日本三代实录》，东京经济杂志社明治三十七年（1904）印行《国史大系》本。

（朝鲜）郑麟趾：《高丽史》，《四库存目丛书》本。

（朝鲜）权橃：《冲斋集》，《韩国文集中的明代史料》本。

（朝鲜）申悦道：《懒斋先生文集》，《韩国文集丛刊》本。

（朝鲜）崔演：《西征记》，《燕行录全集》本。

（清）谷应泰：《明史纪事本末》，北京：中华书局，1977年。

（清）万斯同：《明史稿》，《续修四库全书》本。

（清）张廷玉等：《明史》，北京：中华书局，1974年。

（清）夏燮：《明通鉴》，长沙：岳麓书社，1996年。

（清）谈迁：《国榷》，北京：中华书局，1958年。

（清）谈迁：《枣林杂俎》，北京：中华书局，2006年。

（清）谈迁：《北游录》，北京：中华书局，1960年。

（清）顾炎武著，陈垣校注：《日知录校注》，合肥：安徽大学出版社，2007年。

（清）计六奇：《明季南略》，北京：中华书局，1984年。

（清）瞿中溶编：《古泉山馆题跋》，《丛书集成续编》本。

（清）昭梿：《啸亭续录》，北京：中华书局，1980年。

（清）莫友芝：《宋元旧本书经眼录》，《续修四库全书》本。

（清）梅文鼎：《大统历志》，文渊阁《四库全书》本。

（清）姚元之：《竹叶亭杂记》，北京：中华书局，1982年。

（清）王士禛：《古夫于亭杂录》，北京：中华书局，1988年。

（清）张廷玉编：《清朝文献通考》，文渊阁《四库全书》本。

（清）昆岗编：《光绪会典》，《续修四库全书》本。

（清）文庆编：《钦定国子监志》，北京：北京古籍出版社，2000年。

（清）李卫编：《畿辅通志》，文渊阁《四库全书》本。

（清）赵洪恩编：《江南通志》，文渊阁《四库全书》本。

（清）姚之骃编：《元明事类钞》，文渊阁《四库全书》本。

（清）汪森编：《粤西文载》，文渊阁《四库全书》本。

（清）徐松辑：《宋会要辑稿》，上海：上海古籍出版社，2014年。

《张竹坡批评金瓶梅》，济南：齐鲁书社，1991年第2版。

《御选宋金元明四朝诗》，文渊阁《四库全书》本。

（清）徐珂编：《清稗类钞》，北京：中华书局，1984年。

（明）刘崧：《槎翁诗集》，《四库全书》本。

论著

Dong Yuyu, "The Function of Calendar in Ancient China's Diplomatic Activities", 载江晓原主编:《多元文化中的科学史——第10届国际东亚科学史会议论文集》,上海:上海交通大学出版社,2005年。

Ho Peng Yoke, "The Astronomical Bureau in Ming China". *Jounral of Asian History*. 3.2 (1960).

Thacher Elliott Deane, "*The Chinese Imperial Astronomical Bureau: Form and Function of the Ming Dynasty Qintianjian from 1365 to 1627*". Ann Arbor, Mich.: UMI, 1990.

薄树人主编:《中国天文学史》,台北:文津出版社,1996年。

薄树人:《〈大明嘉靖十年岁次辛卯七政躔度〉提要》,收入薄树人主编:《中国科学技术典籍通汇·天文卷》第1册,郑州:河南教育出版社,1997年。

曹树基:《中国人口史·第四卷·明时期》,上海:复旦大学出版社,2000年。

曹之:《古代历书出版小考》,《出版史料》2007年第3期。

陈宝良:《明代社会生活史》,北京:中国社会科学出版社,2004年。

陈昊:《吐鲁番台藏塔新出唐代历日文书研究》,载《敦煌吐鲁番研究》第10卷,上海:上海古籍出版社,2007年。

陈昊:《"历日"还是"具注历日"——敦煌吐鲁番历书名称与形制关系再讨论》,《历史研究》2007年第2期。

陈久金:《回回天文学史研究》,南宁:广西科学技术出版社,1996年。

陈美东:《中国科学技术史·天文学卷》,北京:科学出版社,2003年。

陈美东:《古历新探》,沈阳:辽宁教育出版社,1995年。

陈晓中、张淑莉:《中国古代天文机构与天文教育》,北京:中国科学技术出版社,2008年。

陈遵妫:《中国天文学史》,上海:上海人民出版社,1984年。

(英)崔瑞德、(美)牟夏礼编,杨品泉等译:《剑桥中国明代史》,北京:中国社会科学出版社,2006年。

春花:《论清代颁发汉文〈时宪书〉始末》,《满学论丛》2016年第6辑。

春花:《论清代颁发汉文〈时宪书〉始末》,《满学论丛》2016年第6辑。

戴桂芳:《明代皇家天文机构天文科技管理之研究》,《淡江史学》第19卷

（2008年9月）。

邓文宽：《敦煌天文历法文献辑校》，南京：江苏古籍出版社，1996年。

邓文宽：《敦煌吐鲁番学耕耘录》，台北：新文丰出版公司，1996年。

邓文宽：《敦煌吐鲁番天文历法研究》，兰州：甘肃教育出版社，2002年。

邓文宽：《〈金天会十三年乙卯岁（1135年）历日〉疏证》，《文物》2004年第10期。

邓文宽：《莫高窟北区出土〈元至正二十八年戊申岁（1368）具注历日〉残页考》，《敦煌研究》2006年第2期。

董煜宇：《北宋天文管理研究》，上海：上海交通大学博士论文，2004年。

董煜宇：《历法在宋代对外交往中的作用》，《上海交通大学学报（哲学社会科学版）》2002年第3期。

董煜宇、关增建：《宋代的天文学文献管理》，《自然科学史研究》2004年第4期。

董煜宇：《从文化整体概念审视宋代的天文学——以宋代的历日专卖为个案》，载孙小淳、曾雄生主编：《宋代国家文化中的科学》，北京：中国科学技术出版社，2007年。

杜婉言、方志远：《中国政治制度通史·第九卷·明代》，北京：人民出版社，1993年。

关文发、颜广文：《明代政治制度研究》，北京：中国社会科学出版社，1995年。

关增建：《中国天文学史上的地中概念》，《自然科学史研究》2000年第3期。

关增建：《中国古代计量的社会功能》，《中国计量》2003年第6期。

郭世荣：《明代数学与天文学知识的失传问题》，载《法国汉学》第六辑（科技史专号），北京：中华书局，2002年。

（法）华澜著，李国强译：《敦煌历日探研》，载《出土文献研究》第7辑，上海：上海古籍出版社，2005年。

黄典权：《南明大统历》，台南：景山书林发行，1962年。

黄仁宇：《十六世纪明代中国之财政与税收》，北京：生活·读书·新知三联书店，2001年。

黄一农：《通书——中国传统天文与社会的交融》，《汉学研究》第14卷第2期。

黄一农：《从汤若望所编民历试析清初中欧文化的冲突与妥协》，《清华学报》新26卷第2期。

黄一农：《汤若望与清初西历之正统化》，载《新编中国科技史》下册，台北：银禾文化事业公司，1990年。

黄一农：《敦煌具注历日新探》，《新史学》第3卷第2期。

黄一农：《社会天文学史十讲》，上海：复旦大学出版社，2004年。

黄云眉：《明史考证》，北京：中华书局，1979—1986年。

黄正建：《敦煌占卜文书与唐五代占卜研究》，北京：学苑出版社，2001年。

蒋非非、王小甫等：《中韩关系史》（古代卷），社会科学文献出版社，1998年。

江晓原：《天学真原》，沈阳：辽宁教育出版社，1991年初版，2004年重印。

江晓原：《历书起源考——古代中国历书之性质与功能》，《中国文化》1992年第1期。

江晓原：《谈历朝私习天文之厉禁》，《中国典籍与文化》1993年第1期。

江晓原、钮卫星：《天学志》，上海：上海人民出版社，1998年。

江晓原：《天学外史》，上海：上海人民出版社，1999年。

江晓原：《中国古代天学之官营传统》，《杭州师范学院学报》2002年3期。

江晓原、钮卫星：《中国天学史》，上海：上海人民出版社，2005年。

胡丹：《明代早朝述论》，《史学月刊》2009年第9期。

李宝臣：《礼不远人——走近明清京师的礼制文化》，北京：中华书局，2008年。

李琳：《明初谪滇诗人平显考论》，《江汉论坛》2008年第11期。

李廷举、吉田忠主编：《中日文化交流史大系·科技卷》，杭州：浙江人民出版社，1996年。

李思纯：《跋吴三桂周五年历书（其一）》，载四川大学史学系1948—1949年初刊、1956年装订发行之《史学论丛》。

李善洪：《明清时期朝鲜对华外交使节初探》，《历史档案》2008年2期。

李申：《中国古代的哲学和自然科学》，上海：上海人民出版社，2002年。

李小林、李晟文主编：《明史研究备览》，天津：天津教育出版社，1988年。

林宗台：《从中国学习西方天文学——朝鲜王朝后期西方天文学引入新论》，《科学文化评论》2011年第1期。

林宗台：《17—18世纪朝鲜天文学者的北京旅行——以金尚范和许远的事例为中心》，《自然科学史研究》2013年第4期。

刘利平：《明代钦天监呈历时间考》，《史学集刊》2009年第4期。

刘永明：《敦煌历日探源》，《甘肃社会科学》2002年第3期。

刘永明：《唐宋之际历日发展考论》，《甘肃社会科学》2003年第1期。

陈侃理：《秦汉的颁朔与改正朔》，余欣主编：《中古时代的礼仪、宗教与制度》，上海：上海古籍出版社，2012年，第448—469页。

陈侃理：《序数纪日的产生与通行》，《文史》2016年第3期；

陈侃理：《出土秦汉历书综论》，《简帛研究》2016秋冬卷，桂林：广西师范大学出版社，2017年，第31—57页。

赵贞：《中古历日社会文化意义探析——以敦煌所出历日为中心》，《史林》2016年第3期。

孟森：《明史讲义》，上海：上海古籍出版社，2002年。

孟宪实：《帝国的节律——从吐鲁番新出土历日谈起》，《光明日报》2007年3月19日，第9版史学版。

赵贞：《中古历日社会文化意义探析——以敦煌所出历日为中心》，《史林》2016年第3期。

钮卫星：《汉唐之际历法改革中各作用因素之分析》，《上海交通大学学报（哲学社会科学版）》2004年第5期。

钱穆：《中国历史研究法》，上海：上海三联书店，2005年。

曲安京、纪志刚、王荣彬：《中国古代数理天文学探析》，西安：西北大学出版社，1994年。

曲安京：《中国历法与数学》，北京：科学出版社，2005年。

刘浦江：《契丹开国年代问题——立足于史源学的考察》，《中华文史论丛》2009年第4期。

荣新江：《归义军史研究——唐宋时代敦煌历史考索》，上海：上海古籍出版社，1996年。

何启龙：《〈授时历〉具注历日原貌考——以吐鲁番、黑城出土元代蒙古文〈授时历〉译本残页为中心》，《敦煌吐鲁番研究》第13卷，上海古籍出版社，2013年。

史金波：《黑水城出土活字版汉文历书考》，《文物》2001年第10期。

史金波：《西夏的历法和历书》，《民族语文》2006年第4期。

石云里：《古代中国天文学在朝鲜半岛的流传与影响》，合肥：中国科学技术大学博士学位论文，1998年。

石云里：《崇祯改历过程中的中西之争》，《传统文化与现代化》1996年第3期。

石云里：《"西法"传朝考》（上、下），《广西民族学院学报（自然科学版）》2004

年第 1 期, 2004 年第 2 期。

史玉民:《〈万历野获编〉卷二十 "历学" 条正误》,《自然辩证法通讯》2000 年第 2 期。

史玉民:《清钦天监研究》, 合肥: 中国科学技术大学博士学位论文, 2001 年。

史玉民:《清钦天监的科学职能和文化职能》, 载江晓原主编:《多元文化中的科学史——第 10 届国际东亚科学史会议论文集》, 上海: 上海交通大学出版社, 2005 年。

袁喜生:《李濂年谱》, 开封: 河南大学出版社, 2000 年。

孙卫国:《论事大主义与朝鲜王朝对明关系》,《南开学报 (哲学社会科学版)》2002 年第 4 期。

孙卫国:《从正朔看朝鲜王朝尊明反清的文化心态》,《汉学研究》第 22 卷第 1 期。

孙卫国:《大明旗号与小中华意识——朝鲜王朝尊周思明问题研究 (1637—1800)》, 北京: 商务印书馆, 2007 年。

孙小淳:《天文学在古代中国社会文化中的作用》,《中国科技史杂志》2009 年第 1 期。

田澍:《嘉靖革新研究》, 北京: 中国社会科学出版社, 2002 年。

韦兵:《星占历法与宋代文化》, 成都: 四川大学博士论文, 2006 年。

韦兵:《头顶的星空和身边的日子》,《读书》2007 年第 3 期。

韦兵:《星占、历法与宋夏关系》,《四川大学学报 (哲学社会科学版)》2007 年第 4 期。

韦兵:《竞争与认同: 从历日颁赐、历法之争看宋与周边民族政权的关系》,《民族研究》2008 年第 5 期。

王元崇:《清代时宪书与中国现代统一多民族国家的形成》,《中国社会科学》2018 年第 5 期。

王立兴:《关于民间小历》,《科技史文集》第 10 辑, 上海: 上海科学技术出版社, 1983 年。

王立兴:《纪时制度考》,《中国天文学史文集》第四集, 北京: 科学出版社, 1986 年。

王淼:《邢云路与明末传统历法的复兴》, 合肥: 中国科学技术大学博士学位论文, 2003 年。

王淼:《明代的传统历法研究及其社会背景》, 杭州: 浙江大学博士后论文,

2005年。

王铭铭：《人类学是什么》，北京：北京大学出版社，2002年。

王天有：《明代国家机构研究》，北京：北京大学出版社，1992年。

汪小虎：《〈大明泰昌元年大统历〉考》，《上海交通大学学报（哲学社会科学版）》2010年第4期。

王应伟：《古历通解》，沈阳：辽宁教育出版社，1998年。

王勇：《唐历在东亚的传播》，《台大历史学报》第12卷第30期。

吴善中：《太平天国历法研究述评》，《扬州大学学报（人文社会科学版）》2005年第3期。

（美）席文：《文化整体：古代科学研究之新路》，《中国科技史杂志》2005年第2期。

席泽宗、陈美东：《20世纪中国学者的天文学史研究》，《广西民族学院学报（自然科学版）》2004年第1期。

席泽宗：《中国古代天文学的社会功能》，收入氏著：《科学史十论》，上海：复旦大学出版社，2003年。

席泽宗主编：《中国科学技术史·科学思想卷》，北京：科学出版社，2001年。

谢贵安：《明实录研究》，武汉：湖北人民出版社，2003年。

辛德勇：《重谈中国古代以年号纪年的启用时间》，《文史》，2009年第1辑。

许敏：《明代嘉靖、万历年间"召商买办"初探》，载中国社会科学院明史研究所明史研究室编：《明史研究论丛》第1辑，南京：江苏人民出版社，1982年。

严敦杰：《读授时历札记》，《自然科学史研究》1985年第4期。

严敦杰：《跋敦煌唐乾符四年历书》，载中国社会科学院考古研究所编：《中国古代天文文物论集》，北京：文物出版社，1989年。

张德信：《明朝典制》，长春：吉林文史出版社，1996年。

张培瑜、徐振韬、卢央：《历注简论》，《南京大学学报（自然科学版）》1984年第1期。

张培瑜：《黑城新出土天文历法文书残页的几点附记》，《文物》1988年第4期。

张培瑜、卢央：《黑城出土残历的年代和有关问题》，《南京大学学报（哲学·人文·社会科学版）》1994年第2期。

张培瑜等：《中国古代历法》，北京：中国科学技术出版社，2008年。

张升：《明代朝鲜的求书》，《文献》1996年第4期。

张文彪：《福建南平发现明代绢质〈大统历〉封面》，《文物》1989年第12期。

张显清、林金树主编：《明代政治史》，桂林：广西师范大学出版社，2003年。

张秀民著，韩琦增订：《中国印刷史》，杭州：浙江古籍出版社，2006年。

张一兵：《明堂制度研究》，北京：中华书局，2005年。

赵琳琳：《午门颁朔礼》，《紫禁城》2005年第3期。

郑孝燮：《紫禁城布局规划浅探》，载单士元、于倬云主编：《中国紫禁城学会论文集》第1辑，北京：紫禁城出版社，1997年。

中国天文学史整研小组编：《中国天文学史》，北京：科学出版社，1981年。

周宝荣：《唐宋时期政府对历书出版的调控》，《编辑学刊》1995年第3期。

周宝荣：《唐宋时期对历书出版的调控》，《中州今古》2002年第5期。

周宝荣：《唐宋岁末的历书出版》，《学术研究》2003年第6期。

周宝荣：《宋代出版史研究》，郑州：中州古籍出版社，2003年。

周绍良：《明〈大统历〉》，《文博》1985年第6期。

朱云影：《中国文化对日朝越的影响》，桂林：广西师范大学出版社，2007年。

图书在版编目（CIP）数据

明代颁历制度研究/汪小虎著.—上海：上海三
联书店，2020.8
ISBN 978-7-5426-7164-6

Ⅰ.①明… Ⅱ.①汪… Ⅲ.①古历法—研究—中国—明代
Ⅳ.①P194.3

中国版本图书馆CIP数据核字（2020）第172020号

明代颁历制度研究

著　者／汪小虎

责任编辑／吴　慧
装帧设计／徐　徐
监　制／姚　军
责任校对／王凌霄

出版发行／上海三联书店
　　　　　（200030）中国上海市漕溪北路331号A座6楼
邮购电话／021-22895540
印　　刷／上海展强印刷有限公司

版　次／2020年8月第1版
印　次／2020年8月第1次印刷
开　本／890×1240　1/32
字　数／176千字
印　张／8.125
书　号／ISBN 978-7-5426-7164-6/P·5
定　价／45.00元

敬启读者，如发现本书有印装质量问题，请与印刷厂联系 021-66366565